混凝土板式楼梯平法通用设计 C101-2

陈青来　著

中国建筑工业出版社

图书在版编目（CIP）数据

混凝土板式楼梯平法通用设计 C101-2/陈青来著 .—北京：
中国建筑工业出版社，2014.10
ISBN 978-7-112-17314-3

Ⅰ.①混… Ⅱ.①陈… Ⅲ.①混凝土结构-楼梯-结构设
计 Ⅳ.①TU229

中国版本图书馆 CIP 数据核字（2014）第 226512 号

本书为平法创始人陈青来教授所著 C101 系列平法通用设计图集的第二册，内容为混凝土板式楼梯平法通用设计。
本书包括单跑、平行转向、直角转向三大类计 17 种不同类型楼梯的平法制图规则和构造详图等内容。
本书可供建筑结构设计、施工、造价、监理等专业人员在具体工程项目中应用，并可供土木工程专业本科生和研究人员学习参考。

责任编辑：蒋协炳
责任校对：李美娜　关　健

混凝土板式楼梯平法通用设计
C101-2
陈青来　著
*
中国建筑工业出版社出版、发行（北京西郊百万庄）
各地新华书店、建筑书店经销
北京红光制版公司制版
北京云浩印刷有限责任公司印刷
*
开本：787×1092 毫米　1/16　印张：6¾　字数：180 千字
2014 年 11 月第一版　　2014 年 11 月第一次印刷
定价：**35.00 元**
ISBN 978-7-112-17314-3
（26077）

前　言

"平法"是本书作者的科技成果"建筑结构平面整体设计方法"的简称。

平法成果 1995 年荣获山东省科技进步奖、1997 年荣获建设部科技进步奖并由国家科委列为《"九五"国家级科技成果重点推广计划》项目、由建设部列为一九九六年科技成果重点推广项目。

自 1996 年至 2009 年，作者陆续完成了 G101 系列平法建筑标准设计的全部创作。该系列于 1999 荣获建设部全国工程建设标准设计金奖，2008 年荣获住房和城乡建设部全国优秀工程设计金奖，并在 2009 年荣获全国工程勘察设计行业国庆六十周年作用显著标准设计项目大奖。自 1991 年底首次推出平法，历经二十多年的持续研究和推广，平法已在全国建筑结构工程界全面普及。

平法的成功推广与可持续发展，应当感谢结构界的众多专家学者和广大技术人员。[1]

1994 年 9 月，经中国机械工业部设计研究总院邓潘荣教授大力推荐，由该院总工程师周廷垣教授鼎力支持，邀请本人进京为该院组织的七所兄弟大院首次举办平法讲座；当年 10 月，由中国科学院建筑设计研究院总工程师盛远猷教授推荐、中国建筑学会结构

分会和中国土木工程学会共同组织，邀请本人在北京市建筑设计研究院报告厅，为在京的百所中央、部队和地方大型设计院的同行做平法讲座；两次发生在我国政治、文化、科技中心的重大学术活动，正式启动了平法向全国工程界的推广进程。

1995 年 5 月，浙江大学副校长唐景春教授邀请本人初下江南，在浙大邵逸夫科学馆做平法讲座，为平法将来进入教育界先落一子。1995 年 8 月，中国建筑标准设计研究院总工程师陈幼璠教授，以其远见卓识、鼎力推荐平法编制为 G101 系列国家建筑标准设计，促动平法科技成果直接进入结构设计界和施工界，缩短转化时间，以期迅速解放生产力。

1995 至 1999 年，是平法向全国推广的重要基础阶段。在此阶段，建设部前设计司吴亦良司长和郑春源副司长、国家计委前设计局左焕黔副局长、中国建筑设计研究院总工程师暨国务院参事吴学敏教授、中国建筑标准设计研究所陈重所长、山东省建筑设计研究院薛一琴院长等数位大师级、学者型官员，在平法列为建设部科技成果重点推广项目、列入国家级科技成果重点推广计划、荣获建设部科技进步奖和创作 G101 系列国家建筑标准设计等重大事项上，发挥了重要的行政作用。

在平法十几年的发展过程中，有众多专家学者直接或间接地发挥了重要作用。本人在此真诚感谢邓潘荣、周廷垣、盛远猷、唐景春、吴学敏、陈幼璠、刘其祥教授，真诚感谢成文山、乐荷卿、沈蒲生教授，真诚感谢陈健、陈远椿、侯光瑜、程懋堃、姜学诗、徐

---

[1] 本段及其后五段所有文字摘自作者本人著作《钢筋混凝土结构平法设计与施工规则》序言（北京，中国建筑工业出版社，2007）。

有邻、张幼启教授，真诚感谢曾经参加平法系列国家建筑标准设计技术审查会和校审平法系列图集的所有专家、学者和教授。

在此，还应真诚感谢工作在结构设计、建造、预算和监理第一线，曾经参加本人平法讲座的数万名土建技术人员和管理人员。是他们将实践中发现的实际问题与本人交流，不仅使平法研究目标落到实处，而且始终未偏离存在决定意识的哲学思路。

近年来工程界出现了个别与平法研究毫无关系的人员及机构大规模抄袭平法原创作品，轻率地对其篡改，使严谨、严肃、科学的承载平法国家级科技成果重点推广项目的原创作品变质成为假冒平法作品。以上所述平法的发展过程，可对比鉴别假冒平法状况。

在世界各国设计领域，通常有相应专业技术的"设计标准[1]"，但并无"标准设计"。在满足同一设计标准的原则下，同一设计目标可以多种设计形式实现同样功能，即在满足设计可靠度的原则下，繁荣创作形成技术竞争和进步。平法 G101 系列虽获成功，但若长期缺乏竞争会形成垄断技术平台，从而妨碍技术创新[2]。

在我国由计划经济向市场经济转型过程中曾发挥一定积极作用的平法系列标准设计，已经完成既定使命。平法研制者坚持与时俱进，适时回归平法原本为通用设计的科学属性，坚持求真务实的诚实劳动进行平法通用设计图集的研究创作，以确保平法可持续发展，促进技术竞争，推动科技进步。

本册《混凝土板式楼梯平法通用设计 C 101-2》图集，适用于非抗震和抗震设防烈度为6至9度地区现浇混凝土或砌体结构的板式楼梯平法施工图设计。图集共包括 3 组计 17 种楼梯类型。

本图集供建筑结构设计、施工、监理、造价等人员在具体工程中直接应用，并可供土建工程专业学生和研究人员学习参考。图集未包括的抗震及非抗震构造及其他未尽事项，应在具体工程设计中由设计者补充设计。

对本图集中发现的问题或建议，请联系山东大学陈青来教授，邮箱：qlchen@sdu.edu.cn。

2014 年 1 月

作者声明

作者坚信党和国家"加强知识产权运用和保护，健全技术创新激励机制"的最新深化改革举措，必将大力净化学术环境，激励诚实创作，推动科技进步。平法原创作品受《中华人民共和国著作权法》保护。未经作者正式许可，任何单位和个人对平法原创作品进行抄袭、复制、改编等直接或间接违反著作权法相关规定的侵权行为，均应承担相应的法律责任。

---

[1] 我国建筑结构领域的设计标准为代号开头为 GB 的各类设计、施工规范。
[2] 本段所有文字摘自作者本人著作《混凝土主体结构平法通用设计 C101－1》前言（北京，中国建筑工业出版社，2012）。

目　录

第1章 总 则

第 1.1 条 平法制图规则和构造详图，是科研成果"建筑结构施工图平面整体设计方法"（平法）的主要内容。在建筑结构行业推广应用平法，可提高设计和施工效益，节约建筑材料和资源，以其理论的逻辑性、科学性与方法的实用性、易用性，保证设计与施工质量。

第 1.2 条 本图集的平法制图规则和通用构造详图适用于抗震、非抗震混凝土结构和砌体结构的现浇板式普通楼梯，图集未包括不应用于抗震结构的滑动支座[1]混凝土楼梯和特殊楼梯[2]。

第 1.3 条 当采用平法制图规则与通用构造时，除按本图集的规定外，尚应符合国家现行有关标准、规范及规程的科学规定。

第 1.4 条 采用平法设计的楼梯施工图，均由各型楼梯平法施工图和通用构造详图两大部分构成。

第 1.5 条 楼梯结构的平法制图规则，为采用注写方式在楼梯结构平面布置图上表达尺寸和配筋；当楼梯形状较特殊、配筋形式较复杂时，需由设计者增加楼梯模板图或截面配筋图辅助表达。

第 1.6 条 采用平法设计楼梯时，应将所有楼梯进行编号，编号中含有类型代号和序号等，其中类型代号的主要作用是指明所选用的通用构造详图；在通用构造详图上，已按楼梯类型注明了代号，以明确该详图与楼梯平法施工图的互补关系，两者结合构成完整的楼梯结构施工图。

第 1.7 条 采用平法设计楼梯时，应采用表格或其他方式注明包括地上和地下各层的结构层楼(地)面标高、结构层高、相应的结构层号，以及对应各层相应构件的混凝土强度等级等。

结构层楼(地)面标高、结构层高和相应的结构层号在单项工程中必须统一，以确保各类构件的竖向定位参数对应相同。为施工方便，应将相应表格分别放在柱、墙、梁、基础与地下室结构等施工图中，并可在表中添加构件相应高度范围的其他设计信息。

注：结构层楼（地）面标高系指将建筑图各层地面和楼面标高值扣除建筑面层及垫层做法厚度后的标高；结构层号应与建筑楼层号对应一致。

第 1.8 条 为准确表达构件平面内两个方向的几何尺寸与配筋，确保施工识图准确无误，规定结构施工图的平面坐标方向为：

1. 当两向轴网正交布置时，图面从左至右为 X 向，从下至上

---

[1] 当混凝土结构抵抗横向地震作用时，采用固定支座楼梯的楼梯间类似由横放人字形拉、压斜腹杆和竖向构件构成的桁架；由于竖向桁架的侧向刚度强于框架结构（但弱于剪力墙），故能增强框架结构的抗震性能。但当楼梯采用无抗震性能的滑动支座时，竖向桁架中的斜腹杆丧失了抗拉和抗压功能，楼梯间成为内部无横向传力构件的空洞开间，使原本对结构抗震起安全作用的楼梯间变为对抗震不利的危险结构，故抗震楼梯采用滑动支座为严重科技谬误。
[2] 螺旋、悬挑等特殊楼梯的制图规则与构造，将纳入特殊楼梯平法通用设计。

为 Y 向，见图 1.8-1；当正交布置的轴网以某两向轴线交点为轴心转动时，局部坐标方向顺转向角度做相应转动，见图 1.8-2。

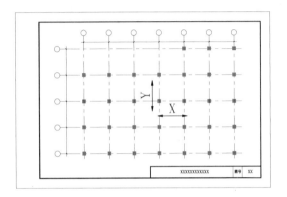

图 1.8-1 轴网正交布置时结构平面的坐标方向

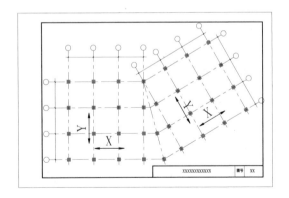

图 1.8-2 轴网以边轴线上交点为轴心转折时结构平面的坐标方向

2．当轴网向心布置时，切向为 X 向，径向为 Y 向，见图 1.8-3。且其坐标方向应加图示。

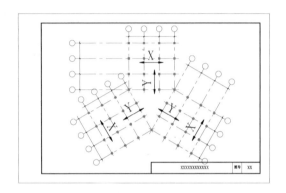

图 1.8-3 轴网向心布置时结构平面的坐标方向

3．对平面布置比较复杂的区域，如轴网折转轴心不在边轴线的交点，或有局部扇状过渡区域，或有向心布置的核心区域等，其平面坐标方向应由设计者另行规定并加图示。

第 1.9 条 当设计者选用本图集时，为确保施工人员准确无误地按平法施工图施工，在具体工程的结构设计总说明中应包括以下与平法相关的内容：

1．注明设计所选用的平法通用图集号[1]。

2．注明混凝土结构的使用年限。

---

[1] 如本图集号为 C101-2。

3．当要求楼梯抗震设计时，应注明抗震设防烈度及结构类型的抗震等级，以明确选用有相应抗震措施的楼梯通用构造详图，当未注明楼梯是否抗震设计时，即表示采用不考虑地震作用的楼梯通用构造详图。

注：抗震与非抗震楼梯通用构造详图的主要不同在于：(1)楼梯平台板与踏步板的构件本体，抗震设置上部通长钢筋，非抗震不设置上部通长钢筋；(2)楼梯踏步板和平台板的构件节点，抗震采用刚性支座（钢筋足强度锚固），非抗震采用半刚性支座（钢筋非足强度锚固）；(3)抗震采用抗震搭接与锚固方式，非抗震采用非抗震搭接与锚固方式。

4．注明楼梯、平台板与息板的混凝土的强度等级和钢筋级别，以确定相应纵向受拉钢筋的最小锚固长度及最小搭接长度等。

注："纵向受拉钢筋"是规范用语，泛指承受拉力的钢筋。当楼梯平台板或息板为双向板时，"纵向受拉钢筋"既指承受拉力的纵向配筋，又指承受拉力的横向配筋。为了不引起歧义，本图集将"纵向受拉钢筋"用语简称为"受拉钢筋"。

5．当楼梯通用构造详图提供两种（或多种）可选择的构造方式时，注明在何部位选用何种构造方式。当未注明时，则为设计者自动授权施工人员任选一种构造方式。

6．注明各类构件钢筋需接长时采用的接头形式及相关要求，必要时尚应注明对钢筋的性能要求。

注：当采用搭接连接方式时，应采用非接触搭接连接方式（分两批搭接采用 50%比例，钢筋在搭接范围分别与另向交叉钢筋绑扎固定）。钢筋接触搭接未准确承载钢筋与混凝土共同工作的科学原理，混凝土无法完全握裹搭接钢筋导致低效传力，无法实现可靠连接且搭接位置受不可在任意位置的限制。

7．注明混凝土结构暴露的环境类别[1]。

8．当设置施工缝或后浇带时，应注明施工缝或后浇带位置与界面形状；后浇带尚应注明先后浇筑的时间间隔与后浇混凝土强度等级等特殊要求。

9．本图集不包括楼梯与扶手连接的预埋件详图，设计说明中应注明楼梯与扶手连接预埋件所采用的图集。

10．关于对楼梯施工的具体要求，应在楼梯平法施工图中随图说明。当需要对某型楼梯的通用构造详图作变更时，应注明变更的具体内容。

第 1.10 条 对构件中普通钢筋及预应力筋的混凝土保护层厚度、钢筋搭接和锚固长度，除在结构施工图中另有注明外，均按本图集通用构造详图的相关规定进行施工。

第 1.11 条 本图集所有梯板踏步段侧边与侧墙相接触但无钢筋连接，当设计要求在梯板踏步段全长或局部与混凝土侧墙相连接时（即梯板踏步段横向钢筋锚入侧墙或嵌入砌体材料的侧墙），其构造应由设计者补充设计。

---

[1] 暴露的环境是指混凝土结构表面所处的环境。

第2章 板式楼梯平法施工图制图规则

第1节 板式楼梯的平法施工图表示方法

第2.1.1条 板式楼梯平法施工图，系在楼梯平面布置图上采用**注写方式**表达。

第2.1.2条 楼梯平面布置图，应采用适当比例按楼梯标准层集中绘制，或与相应标准层的梁平法施工图或楼板平法施工图一起绘制在同一图上。

第2.1.3条 为方便施工，在集中绘制的楼梯平法施工图中，应按第1.0.7条的规定注明各结构层的楼面标高、结构层高及相应结构层号。

第2节 板式楼梯类型

第2.2.1条 本图集包括3组常用的板式楼梯类型。第Ⅰ组为单跑梯板，第Ⅱ组为平行转向板式楼梯，第Ⅲ组为直角转向板式楼梯。各组楼梯分别有抗震与非抗震两种设计。

第2.2.2条 第Ⅰ组为单跑梯板，包括AT～ET计5种类型，其类型代号、形状和支座位置，见表2.2-1。

第Ⅰ组单跑梯板类型　　　　　表2.2-1

类型代号 (xx为序号)	形　状	支　座　位　置
ATxx	全部为踏步板	踏步板低端支承于低端梯梁，高端支承于高端梯梁
BTxx	低端平板接踏步板	低端平板支承于低端梯梁，踏步板高端支承于高端梯梁
CTxx	踏步板接高端平板	踏步板低端支承于低端梯梁，高端平板支承于高端梯梁
DTxx	低端平板接踏步板，踏步板接高端平板	低端平板支承于低端梯梁，高端平板支承于高端梯梁
ETxx	下段踏步板接中位平板，中位平板接上段踏步板	下段踏步板低端支承于低端梯梁，上段踏步板高端支承于高端梯梁

第Ⅰ组单跑梯板的具体特征：

1. 每个类型代号各代表一跑梯板，可采用两个或多个梯板，通过加设（按C101-1制图规则设计的）楼层梯梁、前室板、层间梯梁、层间息板，组合构成楼梯结构。

2. 各型梯板以踏步板为主干，可接有低端、高端延伸平板或中位平板；两端分别以低端和高端梯梁为支座。

3. 除ET型外，其他各型梯板所接低端或高端平板均为延伸平板，但其通常不兼作楼层平台板(前室板)或层间平台板(息板)，兼做前室板或息板的为第II组FT~LT型和第III组MT~OT型楼梯。

4. 第I组单跑梯板截面与支座示意，见图2.2-1至图2.2-5。

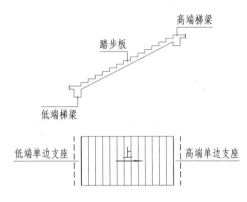

图 2.2-1 AT 型（全部为踏步板）

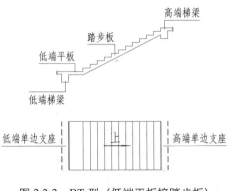

图 2.2-2 BT 型（低端平板接踏步板）

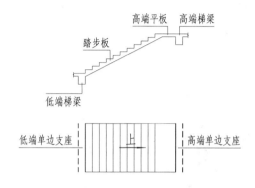

图 2.2-3 CT 型（踏步板接高端平板）

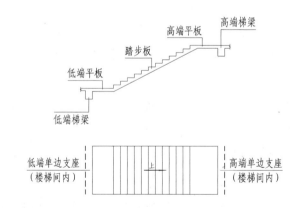

图 2.2-4 DT 型（低端平板接踏步板，踏步板接高端平板）

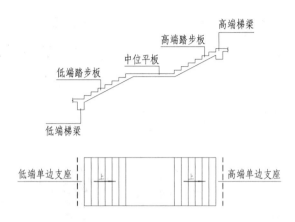

图 2.2-5 ET 型（低端踏步板接中位平板，中位平板接高端踏步板）

第 2.2.3 条 第 II 组平行转向板式楼梯包括 FT～LT 计 6 种类型，其类型代号、形状和支座位置，见表 2.2-2。每个类型代号各代表一部带楼层平板或层间平板的平行转向板式楼梯。

第 II 组平行转向板式楼梯的具体特征：

1. FT、GT、HT 和 JT 型楼梯由层间平板、楼层平板和两跑平行转向的踏步板构成，楼梯间内不需设置楼层梯梁和层间梯梁；该四类楼梯的形状相同，仅层间平板与楼层平板的支承边数不同（三边支承或单边支承）。

2. KT 和 LT 型楼梯由层间平板和两跑平行转向的踏步板构成，楼梯间内需设置楼层梯梁和楼层平台板（前室板），但不需设置层间梯梁及层间平台板（息板）；该两类楼梯形状相同及踏步板端部支承相同，仅层间平板的支承边数不同（三边支承或单边支承）。

3. FT、GT、HT 和 JT 型楼梯截面与支座示意，见图 2.2-6～图 2.2-9；KT 和 LT 型楼梯截面与支座示意，见图 2.2-10、图 2.2-11。

第 II 组平行转向板式楼梯类型　　表 2.2-2

类型代号 (xx 为序号)	形　状	支 座 位 置		
		层间平板	踏步板	楼层平板
FTxx	1、楼层平板连接平行转向的踏步板 2、层间平板连接平行转向的踏步板	三边支承	——	三边支承
GTxx		单边支承	——	三边支承
HTxx		三边支承	——	单边支承
JTxx		单边支承	——	单边支承
KTxx	1、楼梯间梯梁支承平行转向的踏步板 2、层间平板连接平行转向的踏步板	三边支承	单边支承于楼梯间内梯梁上	——
LTxx		单边支承		——

注：第 II 组平行转向楼梯自身带层间平板或楼层平板，当条件具备时对平板采用三边支承（如 FT、GT、HT、KT），能有效减小梯板计算跨度，减小板厚相应减小楼梯自重，有益于结构整体受力。

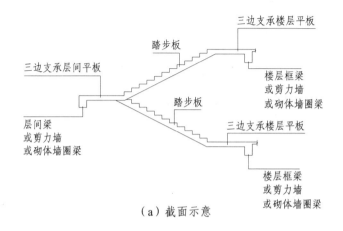

（a）截面示意

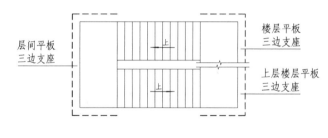

(b) 平面示意

图 2.2-6　FT 型（包括踏步板、层间与楼层平板）

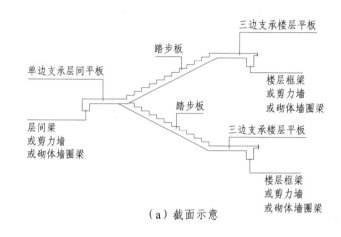

（a）截面示意

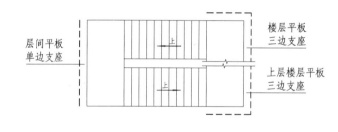

(b) 平面示意

图 2.2-7　GT 型（包括踏步板、层间与楼层平板）

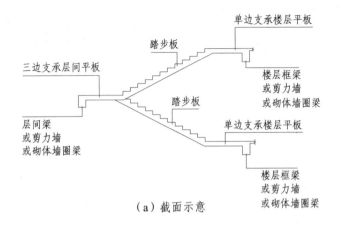

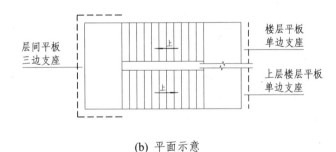

（b）平面示意

图 2.2-8　HT 型（包括踏步板、层间与楼层平板）

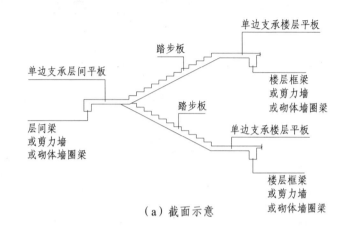

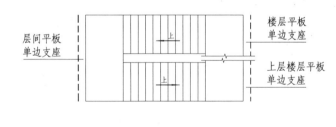

（b）平面示意

图 2.2-9　JT 型（包括踏步板、层间与楼层平板）

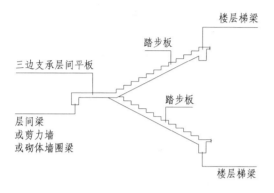

（a）截面示意

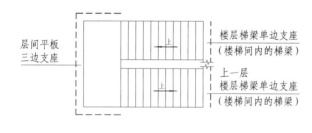

(b) 平面示意

图 2.2-10　KT 型楼梯（包括踏步板和层间平板）

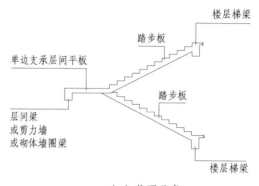

（a）截面示意

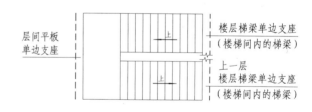

(b) 平面示意

图 2.2-11　LT 型楼梯（包括踏步板和层间平板）

第 2.2.4 条 第 III 组直角转向板式楼梯包括 MT 与 MT_i、NT 与 NT_i 与 OT 与 OT_i 计 6 种类型，其类型代号、形状和支座位置，见表 2.2-3。

第 III 组直角转向板式楼梯类型   表 2.2-3

类型代号 (xx 为序号)	形 状	支 座 位 置	
		层间平板	踏步板
MTxx	由 1 块平板连接两跑直角转向踏步板的 L 状平面投影楼梯	两边支承	单边支承
MT_ixx （代号下标 i＝1～3）	由 1 块平板连接两跑直角转向踏步板的 L 状平面投影楼梯，代号下标 i 为 1～3 表示有 1～3 阶扇状分布的附加踏步	两边支承	单边支承
NTxx	由 2 块平板连接三跑直角转向踏步板的 U 状平面投影楼梯	两边支承	单边支承
NT_ixx （代号下标 i 为 1～3）	由 2 块平板连接三跑直角转向踏步板的 U 状平面投影楼梯，代号下标 i 为 1～3 表示有 1～3 阶扇状分布的附加踏步	两边支承	单边支承
OTxx	由多块平板连接四跑直角转向踏步板的口状平面投影楼梯	两边支承	单边支承
OT_ixx （代号下标 i＝1～3）	由多块平板连接四跑直角转向踏步板的口状平面投影楼梯，代号下标 i 为 1～3 表示有 1～3 阶扇状分布的附加踏步	两边支承	单边支承

第 III 组直角转向板式楼梯的具体特征：

1. 每个类型代号代表一部直角转向楼梯。

MT、NT 和 OT 型楼梯为平面转向；MT_i、NT_i 和 OT_i 型楼梯为踏步转向，需在其转向平板上增设 i 阶（"i" 可为 1、2、3）用砌块、木质材料或混凝土预制件制作的附加扇状踏步。附加扇状踏步应由具体工程设计者补充设计，计算分析统计荷载时应计入附加踏步的相应荷载。

2. MT_i、NT_i 和 OT_i 型楼梯自转向板顶面向上第一阶的结构高度为 h_{fs}，$h_{fs}＝（i＋1）h_s$，i 为类型号的数字下标 1、2、3，h_s 为一阶踏步高度。

3. 第 III 组 MT、NT 和 OT 型楼梯截面与支座示意，见图 2.2-12 至图 2.2-14；有扇状分布附加踏步的 MT_i、NT_i 和 OT_i 型楼梯截面与支座示意，见图 2.2-15 至图 2.2-17。

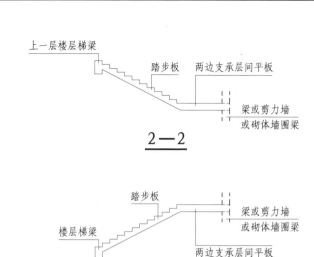

2—2

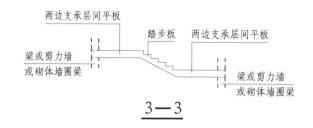

3—3

1—1

1—1

2—2

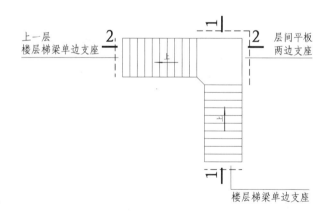

图 2.2-12 MT 型楼梯（包括踏步板和层间平板）

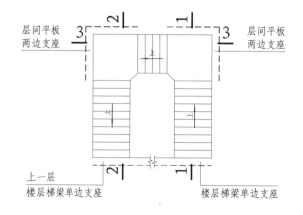

图 2.2-13 NT 型楼梯（包括踏步板和层间平版）

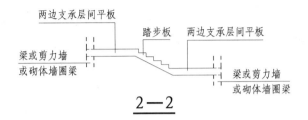

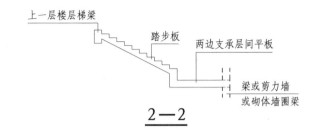

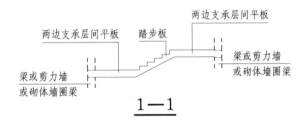

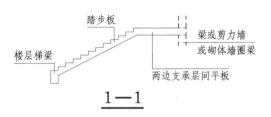

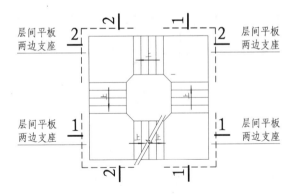

图 2.2-14　OT 型楼梯（包括踏步板和层间平版）

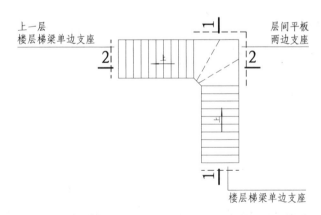

图 2.2-15　MT_i 型楼梯（包括踏步板和层间平板）

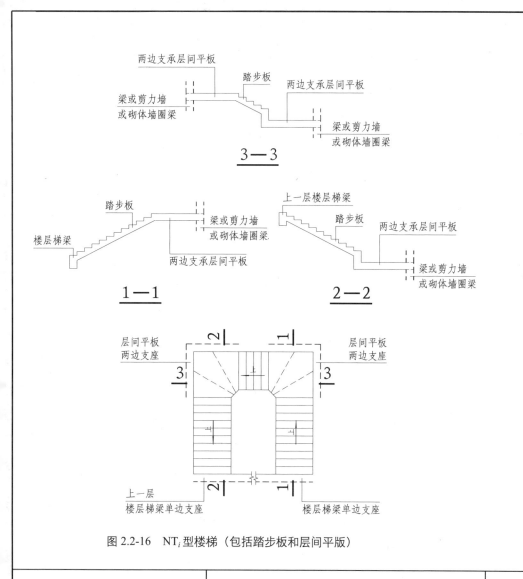

图 2.2-16 NTᵢ型楼梯（包括踏步板和层间平版）

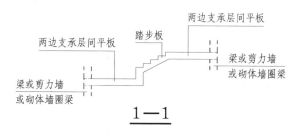

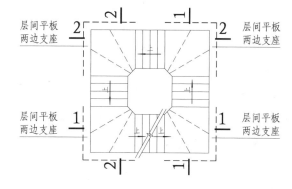

图 2.2-17 OTᵢ型楼梯（包括踏步板和层间平版）

第3节 板式楼梯的设计注写方式

板式楼梯采用平面注写方式表达楼梯平法施工图。

平面注写内容包括集中标注和外围标注。集中标注表达楼梯类型代号及序号、梯板的竖向尺寸和配筋；外围标注表达楼梯间与楼梯的平面尺寸。

第2.3.1条 第Ⅰ组 AT～ET 型单跑梯板的集中标注，包括 5 项必注内容及 1 项选注内容（第6项）：

1. 类型代号及序号；

2. 梯板厚度 h；

3. 踏步段总高度 $H_s[=h_s\times(m+1)]$（AT～DT 型），

   $H_s[=h_s\times(m_l+m_h+2)]$（ET 型）；

4. 梯板上部纵筋及抗震贯通比例（注在括号中）；

5. 梯板下部纵筋（全贯通）；

6. 梯板横向分布筋（可在图注中统一注明）。

第Ⅰ组单跑梯板上部抗震与非抗震非贯通纵筋的跨内延伸长度（水平投影），本图集统一取 1/4 梯板净跨，设计不注；当具体工程采用不同延伸长度时，应由设计者另行注明。

第Ⅰ组单跑梯板，需在楼梯间设置梯梁及楼层、层间平台板。

其中，梯梁的设计注写与构造参照《混凝土主体结构平法通用设计 C101-1》中关于梁的相应规定；楼层和层间平台板的设计注写方式，见本节第2.3.4条。

第2.3.2条 第Ⅱ组 FT～LT 平行转向板式楼梯的集中标注，包括 7 项必注内容及 1 项选注内容（第8项）：

1. 类型代号及序号；

2. 梯板与平板厚度 h；

3. 踏步段总高度 $H_s[=h_s\times(m+1)]$；

4. 梯板上部纵筋和抗震贯通比例（注在括号中）；

5. 梯板下部纵筋（贯通踏步板和平板）；

6. 梯板踏步段横向分布筋（可在图注中统一注明）；

7. 平板上部长向筋（在平板上注写）

8. 平板下部长向筋（在平板上注写）；

注：梯板与平板厚度相同；梯板纵筋与平板长向筋相互交叉成网。

第Ⅱ组各型楼梯平板的上部非贯通纵筋的延伸长度，由设计者在原位标注；梯板上部纵向配筋向跨内延伸水平投影长度，按相应构造详图，设计不注，但设计者应予以校核；当具体工程采用不同延伸长度时，应由设计者另行注明。

第Ⅱ组中的 KT、LT 两种类型的平行转向楼梯，需在楼梯间设置楼层梯梁和楼层平台板；其中，楼层梯梁的设计注写方式与构造，参照《混凝土主体结构平法通用设计 C101-1》中关于梁的相应规定；楼层平台板的设计注写方式，见本节第2.3.4条。

第 2.3.3 条 第Ⅲ组 MT 与 MT$_i$、NT 与 NT$_i$、OT 与 OT$_i$直角转向板式楼梯的集中标注为 6 项，包括 5 项必注内容及 1 项选注内容（第6项）：

1. 类型代号及序号；

2. 梯板与直角转折平板厚度 h；

3. 踏步段总高度：MT、NT、OT：$H_s[=h_s×(m+1)]$；

                         MT$_i$、NT$_i$、OT$_i$：$H_s[=h_s×(m+1)+h_{fs}]$

4. 梯板与直角转折平板上部纵筋（全贯通）；

5. 梯板与直角转折平板下部纵筋（全贯通）；

6. 梯板踏步段横向分布筋（可在图注中统一注明）。

第Ⅲ组各型梯板上部与下部纵筋，分别在两跑相连部位的直角转向平板的上部与下部相互交叉成网。此外，在各型楼梯内侧设置的边缘加强纵筋按相应通用构造详图施工，设计不注；当具体工程所需边缘加强纵筋与其不同时，应由设计者另行注明。

第Ⅲ组直角转向楼梯，当需设置楼层梯梁及平台板时，楼层梯梁的设计注写方式与构造，参照《混凝土主体结构平法通用设计 C101-1》中关于梁的相应规定；楼层平台板的设计注写方式，见本节第2.3.4条。

第 2.3.4 条 楼层和层间平台板的设计注写，采用集中标注与原位标注方式。

平台板集中标注，包括 4 项必注内容和 1 项选注内容（第5项）：

1. 平台板的类型代号及序号 PTBxx；

2. 板厚 h；

3. 板上部配筋 T：短向筋 S（1/x）/长向筋 L（1/x），短向与长向钢筋的抗震贯通比例分别注在括号中；

4. 板下部配筋 B：短向筋 S/长向筋 L（双向全贯通）；

5. 分布筋（板上部若无贯通筋时设置），分布筋也可在图注中统一注明。

平台板原位标注：

原位仅标注支座非贯通筋自支座边缘向板内的延伸尺寸，其不包括支座内水平锚固段尺寸。

楼层和层间平台板的注写示例和钢筋构造，见本图集第7章。

第4节 其 他

第 2.4.1 条 特殊情况下,当楼层层高较高且楼梯间进深受限或为服从其他需要时,通常在较高层高的层内设置三跑或四跑楼梯。此时,对于第一组楼梯及第二组楼梯中的 KT、LT 型,位于楼层梯梁及楼层平台板垂直投影下的层间梯梁及层间平台板,应按楼层梯梁及楼层平台板处理;对于第二组楼梯中的 FT、GT、HT 及 JT 型位于楼层平板垂直投影下的层间平板,应按楼层平板处理。

第 2.4.2 条 建筑专业地面、楼层平板和层间平板的建筑面层厚度可能与楼梯踏步面层厚度不同。为使建筑面层做好后的楼梯踏步等高,各型楼梯踏步段的所有踏步需要沿斜梯板整体推高,而最后一级踏步高可能需要相应减小,其推高值与减小值的取值方法见相应构造详图。

第 2.4.3 条 楼梯间设置的楼层平台板(前室板)与同层楼面板宜整体连通设计。

第 2.4.4 条 本图集各种楼梯的转换部位在楼层位置,当具体工程需将楼梯类型的转换部位设计在层间时,其下层或下标准层的终止标高与上层或上标准层的起始标高在同一层间平板处;此种情况下,设计应注意将转换位置标高注写正确。

第 2.4.5 条 当楼梯间两侧为错半层结构且共用楼梯时,一

侧结构的层间平板即为另侧结构的楼层平板(反之亦然),遇此情况设计应加特殊说明。

第3章 混凝土结构综合构造规定

混凝土结构的环境类别 表3-1

环境类别	条件
一	室内干燥环境； 无侵蚀性静水浸没环境
二 a	室内潮湿环境； 非严寒和非寒冷地区的露天环境； 非严寒和非寒冷地区与无侵蚀性的水或土壤直接接触的环境； 严寒和寒冷地区的冰冻线以下与无侵蚀性的水或土壤直接接触的环境
二 b	干湿交替环境； 水位频繁变动环境； 严寒和寒冷地区的露天环境； 严寒和寒冷地区冰冻线以上与无侵蚀性的水或土壤直接接触的环境
三 a	严寒和寒冷地区冬季水位变动区环境； 受除冰盐影响环境； 海风环境
三 b	盐渍土环境； 受除冰盐作用环境； 海岸环境
四	海水环境
五	受人为或自然的侵蚀性物质影响的环境

注：1 室内潮湿环境是指构件表面经常处于结露或湿润状态的环境；

2 严寒和寒冷地区的划分应符合现行国家标准《民用建筑热工设计规范》GB 50176 的有关规定；

3 海岸环境和海风环境宜根据当地情况，考虑主导风向及结构所处迎风、背风部位等因素的影响，由调查研究和工程经验确定；

4 受除冰盐影响环境是指受到除冰盐盐雾影响的环境；受除冰盐作用环境是指被除冰盐溶液溅射的环境以及使用除冰盐地区的洗车房、停车楼等建筑；

5 暴露的环境是指混凝土表面所处的环境。

混凝土保护层的最小厚度 c（mm） 表3-2

环境类别	板、墙、壳	梁、柱、杆
一	15	20
二 a	20	25
二 b	25	35
三 a	30	40
三 b	40	50

注：1 本表为设计使用年限为50年的混凝土结构最外层钢筋的保护层厚度，且不应小于钢筋的公称直径 d；

2 设计使用年限为100年的混凝土结构，最外层钢筋的保护层厚度不应小于表中数值的1.4倍；

3 混凝土强度等级不大于C25时，表中保护层厚度数值应增加5mm；

4 钢筋混凝土基础宜设置混凝土垫层，基础中钢筋的混凝土保护层厚度应从垫层顶面算起，且不应小于 40mm。

5 当有充分依据并采取下列措施时，可适当减小混凝土保护层厚度；

(1) 构件表面有可靠的防护层；

(2) 采用工厂化生产的预制构件；

(3) 在混凝土中掺加阻锈剂或采用阴极保护处理等防锈措施；

(4) 当对地下室墙体采取可靠的建筑防水做法或防护措施时，与土层接触一侧钢筋的保护层厚度可适当减少，但不应小于 25mm；

6 当梁、柱、墙中纵向受力钢筋的保护层厚度大于 50mm 时，宜对保护层采取有效的构造措施。当在保护层内配置防裂、防剥落的钢筋网片时，网片钢筋的保护层厚度不应小于 25mm。

普通钢筋强度设计值（N/mm²）　表 3-3

牌　　号	抗拉强度设计值 f_y	抗压强度设计值 f_y'
HPB300	270	270
HRB335 HRBF335	300	300
HRB400 HRBF400 RRB400	360	360
HRB500 HRBF500	435	410

注：横向钢筋的抗拉强度设计值 f_{yv} 应按表中 f_y 的数值采用；当用作受剪、受扭、受冲切承载力计算时，其数值大于 360N/mm² 时应取 360N/mm²。

混凝土轴心抗压强度设计值（N/mm²）　表 3-4

强度	混凝土强度等级													
	C15	C20	C25	C30	C35	C40	C45	C50	C55	C60	C65	C70	C75	C80
f_c	7.2	9.6	11.9	14.3	16.7	19.1	21.1	23.1	25.3	27.5	29.7	31.8	33.8	35.9

混凝土轴心抗拉强度设计值（N/mm²）　表 3-5

强度	混凝土强度等级													
	C15	C20	C25	C30	C35	C40	C45	C50	C55	C60	C65	C70	C75	C80
f_t	0.91	1.10	1.27	1.43	1.57	1.71	1.80	1.89	1.96	2.04	2.09	2.14	2.18	2.22

锚固钢筋的外形系数 α　表 3-6

钢筋类型	光圆钢筋	带肋钢筋	螺旋肋钢丝	三股钢绞线	七股钢绞线
外形系数 α	0.16	0.14	0.13	0.16	0.17

注：光圆钢筋末端应作 180° 弯钩，弯后平直段长度不应小于 3d，但做受压钢筋时可不做弯钩。

基本锚固长度 l_{ab} 计算公式　表 3-7

普通钢筋：

$$l_{ab} = \alpha \frac{f_y}{f_t} d$$

预应力钢筋：

$$l_{ab} = \alpha \frac{f_{py}}{f_t} d$$

式中：

l_{ab}——受拉钢筋基本锚固长度；

f_y、f_{py}——普通钢筋、预应力钢筋的抗拉强度设计值；

f_t——混凝土轴心抗拉强度设计值，当混凝土强度等级高于 C60 时，按 C60 取值；

α——锚固钢筋的外形系数；

d——锚固钢筋的直径。

普通钢筋强度设计值；混凝土轴心抗压强度设计值；混凝土轴心抗拉强度设计值；锚固钢筋的外形系数 a；基本锚固长度 l_{ab} 计算公式

受拉钢筋锚固长度 l_a 计算公式

表 3-8

计算公式	锚固长度修正	
	锚固条件	ζ_a
$l_a = \zeta_a l_{ab}$ 式中： ζ_a ——锚固长度修正系数，对普通钢筋的修正条件多于一项时，可连乘计算，但不应小于 0.6。	带肋钢筋公称直径大于 25mm	1.10
	环氧树脂涂层带肋钢筋	1.25
	施工过程中易受扰动的钢筋	1.10
	锚固钢筋的保护层厚度为 $3d$	0.8
	锚固钢筋保护层厚度为 $5d^1$	0.7
	受拉钢筋末端采用弯钩锚固（包括弯钩在内投影长度）	0.6
	受拉钢筋末端采用机械锚固（包括机械锚固端头在内投影长度）	0.6
	不具备以上条件的无需修正情况	1.0

注：1 当梁柱节点纵向受拉钢筋采用直线锚固方式时，按 l_a 取值；当采用弯钩锚固方式时，以 l_{ab} 为基数按规定比例取值；l_a 不应小于 200mm；

2 锚固钢筋的保护层厚度介于 $3d$ 与 $5d$ 之间时（d 为锚固钢筋直径），按内插取值；

3 当锚固钢筋的保护层厚度不大于 $5d$ 时，锚固长度范围内应配置横向构造钢筋，其直径不应小于 $d/4$，对梁、柱、斜撑等构件间距不应大于 $5d$，对板、墙等平面构件间距不应大于 $10d$，且均不应大于 100mm；

4 混凝土结构中的纵向受压钢筋，当计算中充分利用其抗压强度时，锚固长度不应小于相应受拉锚固长度的 70%；

―――――――――――――――
1 当混凝土保护层厚度超过 $5d$ 时，锚固长度修正系数亦按 $5d$ 时的 0.7 取值。

5 当锚固钢筋为 HPB300 强度等级时，钢筋末端应做 180° 弯钩，弯钩平直段长度不应小于 $3d$，但做受压钢筋锚固时可不做弯钩。

受拉钢筋抗震锚固长度 l_{aE} 和梁柱节点抗震弯折锚固长度基数 l_{abE} 计算公式

表 3-9

计算公式	抗震锚固长度修正	
	抗震等级	ζ_{aE}
$l_{aE} = \zeta_{aE} l_a$、 $\quad l_{abE} = \zeta_{aE} l_{ab}$ 式中：ζ_{aE} ——抗震锚固长度修正系数	一、二级抗震等级	1.15
	三级抗震等级	1.05
	四级抗震等级	1.00

注：当抗震梁柱节点纵向受拉钢筋采用直线锚固方式时，按 l_{aE} 取值；当采用弯钩锚固方式时，以 l_{abE} 为基数按规定比例取值。

受拉钢筋非抗震搭接长度 l_l 和抗震搭接长度 l_{lE} 计算公式

表 3-10

搭接长度计算公式	搭接长度修正	
	搭接接头面积百分率	ζ_l
$l_l = \zeta_l l_a$、 $\quad l_{lE} = \zeta_l l_{aE}$ 式中：ζ_l ——纵向受拉钢筋搭接长度修正系数	≤25%	1.2
	50%	1.4
	100%	1.6

注：1 当直径不同的钢筋搭接时，搭接长度按较小直径计算，且任何情况下 l_l 不应小于 300mm；

2 在梁、柱类构件的纵向受力钢筋搭接长度范围内的横向构造钢筋要求同表 3-8 注 3 的要求；当受压钢筋直径大于 25mm 时，尚应在搭接接头两个端面外 100mm 范围内各设置两道箍筋。

受拉钢筋基本锚固长度 l_{ab}、锚固长度无修正的受拉钢筋锚固长度 l_a（即 $\zeta_a = 1.0$ ）

表 3-11

钢筋种类	混凝土强度等级								
	C20	C25	C30	C35	C40	C45	C50	C55	≥C60
HPB300	$39d$	$34d$	$30d$	$28d$	$25d$	$24d$	$23d$	$22d$	$21d$
HRB335、HRBF335	$38d$	$33d$	$29d$	$27d$	$25d$	$23d$	$22d$	$21d$	$21d$
HRB400、HRBF400、RRB400	—	$40d$	$35d$	$32d$	$29d$	$28d$	$27d$	$26d$	$25d$
HRB500、HRBF500	—	$48d$	$43d$	$39d$	$36d$	$34d$	$32d$	$31d$	$30d$

受拉钢筋梁柱节点抗震弯折锚固长度基数 l_{abE}、锚固长度无修正的受拉钢筋抗震锚固长度 l_{aE}（即 $\zeta_a = 1.0$ ）

表 3-12

钢筋种类	抗震等级	混凝土强度等级								
		C20	C25	C30	C35	C40	C45	C50	C55	≥C60
HPB300	一、二级	$45d$	$39d$	$35d$	$32d$	$29d$	$28d$	$26d$	$25d$	$24d$
	三级	$41d$	$36d$	$32d$	$29d$	$26d$	$25d$	$24d$	$23d$	$22d$
	四级	$39d$	$34d$	$30d$	$28d$	$25d$	$24d$	$23d$	$22d$	$21d$
HRB335 HRBF335	一、二级	$44d$	$38d$	$33d$	$31d$	$29d$	$26d$	$25d$	$24d$	$24d$
	三级	$40d$	$35d$	$31d$	$28d$	$26d$	$24d$	$23d$	$22d$	$22d$
	四级	$38d$	$33d$	$29d$	$27d$	$25d$	$23d$	$22d$	$21d$	$21d$
HRB400 HRBF400 RRB400	一、二级	—	$46d$	$40d$	$37d$	$33d$	$32d$	$31d$	$30d$	$29d$
	三级	—	$42d$	$37d$	$34d$	$30d$	$29d$	$28d$	$27d$	$26d$
	四级	—	$40d$	$35d$	$32d$	$29d$	$28d$	$27d$	$26d$	$25d$
HRB500 HRBF500	一、二级	—	$55d$	$49d$	$45d$	$41d$	$39d$	$37d$	$36d$	$35d$
	三级	—	$50d$	$45d$	$41d$	$38d$	$36d$	$34d$	$33d$	$32d$
	四级	—	$48d$	$43d$	$39d$	$36d$	$34d$	$32d$	$31d$	$30d$

第3章 混凝土结构综合构造规定 受拉钢筋基本锚固长度 l_{ab}、锚固长度无修正的受拉钢筋锚固长度 l_a（即 $\zeta_a = 1.0$ ）；受拉钢筋梁柱节点抗震弯折锚固长度基数 l_{abE}、锚固长度无修正的受拉钢筋抗震锚固长度 l_{aE}（即 $\zeta_a = 1.0$ ） 图集号：C101-2（2014）

钢筋机械锚固形式和技术要求	表 3-13

锚固形式	技术要求
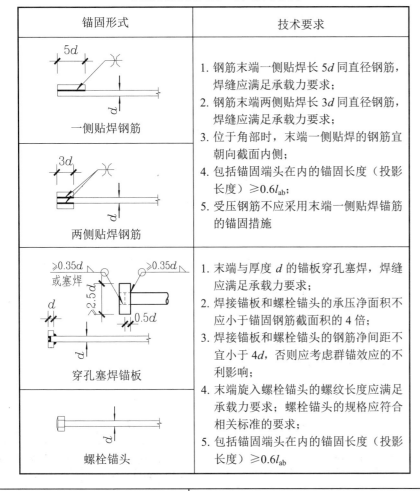	1. 钢筋末端一侧贴焊长 $5d$ 同直径钢筋，焊缝应满足承载力要求； 2. 钢筋末端两侧贴焊长 $3d$ 同直径钢筋，焊缝应满足承载力要求； 3. 位于角部时，末端一侧贴焊的钢筋宜朝向截面内侧； 4. 包括锚固端头在内的锚固长度（投影长度）$\geqslant 0.6 l_{ab}$； 5. 受压钢筋不应采用末端一侧贴焊锚筋的锚固措施 1. 末端与厚度 d 的锚板穿孔塞焊，焊缝应满足承载力要求； 2. 焊接锚板和螺栓锚头的承压净面积不应小于锚固钢筋截面积的 4 倍； 3. 焊接锚板和螺栓锚头的钢筋净间距不宜小于 $4d$，否则应考虑群锚效应的不利影响； 4. 末端旋入螺栓锚头的螺纹长度应满足承载力要求；螺栓锚头的规格应符合相关标准的要求； 5. 包括锚固端头在内的锚固长度（投影长度）$\geqslant 0.6 l_{ab}$

钢筋弯钩锚固形式和技术要求	表 3-14

锚固形式	技术要求
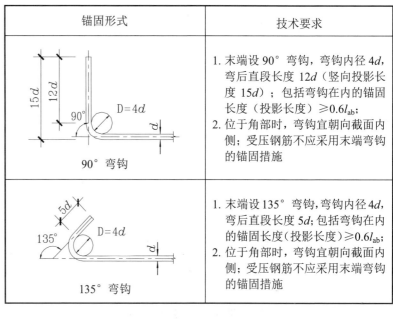	1. 末端设 90° 弯钩，弯钩内径 $4d$，弯后直段长度 $12d$（竖向投影长度 $15d$）；包括弯钩在内的锚固长度（投影长度）$\geqslant 0.6 l_{ab}$； 2. 位于角部时，弯钩宜朝向截面内侧；受压钢筋不应采用末端弯钩的锚固措施 1. 末端设 135° 弯钩，弯钩内径 $4d$，弯后直段长度 $5d$；包括弯钩在内的锚固长度（投影长度）$\geqslant 0.6 l_{ab}$； 2. 位于角部时，弯钩宜朝向截面内侧；受压钢筋不应采用末端弯钩的锚固措施

钢筋采用机械锚固或弯钩锚固形式时应注意：

1. 机械锚固的投影长度，为表 3-13 锚固形式图示中包括锚固端头在内的平行（水平）投影长度。

2. 钢筋弯钩锚固的投影长度，为表 3-14 锚固形式图示中直锚段与弯钩段包括部分弯弧在内的两段平行投影长度之和（对 135° 弯钩锚固约等于轴线展开长度）。

3. 现行规范对框架梁柱节点中纵向受拉钢筋采用弯钩锚固与机械锚固形式另有规定，详见相应构件的通用构造详图。

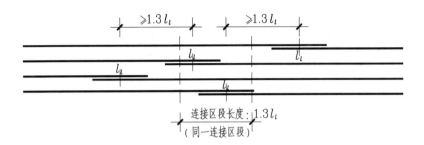

图 3.1 同一连接区段纵向受拉钢筋绑扎搭接接头

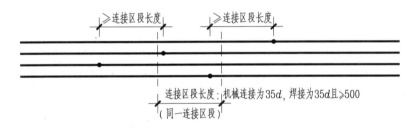

图 3.2 同一连接区段纵向受拉钢筋机械连接、焊接接头

注：1. 凡绑扎搭接接头中点位于 $1.3l_l$ 连接区段长度内的绑扎搭接接头均属同一连接区段；凡机械连接或焊接连接点位于连接区段长度内的机械连接或焊接接头均属同一连接区段；在同一连接区段内连接的纵向钢筋是同一批连接的钢筋。

2. 在同一连接区段内连接的纵向钢筋，其搭接、机械连接或焊接接头面积百分率为该区段内有搭接、机械连接或焊接接头的纵向受力钢筋截面面积与全部纵向钢筋截面面积的比值（当直径相同时，图示钢筋搭

接接头面积百分率为 50%）。当直径不同的钢筋搭接时，按直径较小的钢筋计算。

3. 位于同一连接区段内的受拉钢筋搭接接头面积百分率，对梁类、板类及墙类构件不宜大于 25%，对柱类构件不宜大于 50%。当工程中确有必要增大受拉钢筋搭接接头面积百分率时，对梁类构件不宜大于 50%，对板、墙、柱、及预制构件的拼接处，可根据实际情况放宽。

4. 轴心受拉及小偏心受拉杆件的纵向受力钢筋不得采用绑扎搭接；其他构件中的钢筋采用绑扎搭接时，受拉钢筋直径不宜大于 25mm，受压钢筋直径不宜大于 28mm。

5. 当采用非接触绑扎搭接[1]时，搭接接头钢筋的横向净距不应小于较小钢筋直径，且不应小于 25mm，不应大于 $0.2l_{ab}$。

6. 当钢筋分两批采用非接触搭接即搭接根数为 50%时，搭接长度 l_l 宜取 $1.2l_a$，以实现科学用钢，减少材料浪费。

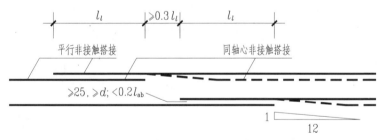

图 3.3 平行或同轴心非接触搭接示意

---

[1] 钢筋绑扎搭接的实质，为两根交错钢筋分别在混凝土中的粘结锚固。非接触搭接接头之间保持合理净距，使混凝土对钢筋完全握裹，实现更高粘结强度，从而有效提高钢筋搭接连接的可靠性。50%非接触搭接的搭接长度 l_l 取 $1.2l_a$，且搭接位置不受限制，搭接效果比接触搭接时搭接长度 l_l 取 $1.4l_a$ 更好。

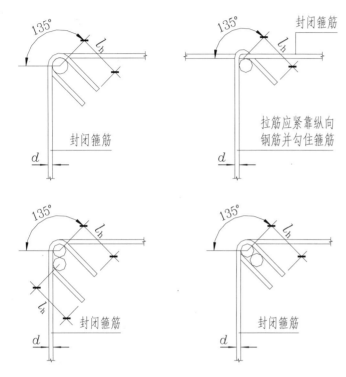

图 3.4　封闭箍筋和柱拉筋弯钩构造

注：1. 当构件抗震或受扭，或当构件非抗震但柱中全部纵向钢筋配筋率大于 3%时，箍筋弯钩端头平直段长度 l_h 不应小于 10d 和 75mm 中的较大值。

　　 2. 当构件非抗震时，l_h 不应小于 5d（不包括柱中全部纵向钢筋配筋率大于 3%的情况）。

3. 设计如无特殊要求，封闭箍筋弯钩部位可位于构件截面的任意一角，且宜避开纵向钢筋的搭接范围。

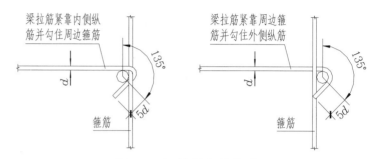

图 3.5　梁拉筋弯钩构造

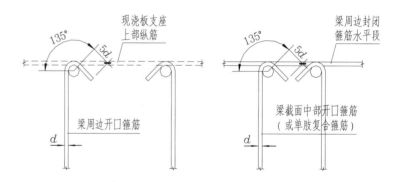

图 3.6　梁周边与截面中部开口箍筋和单肢箍筋弯钩构造

注：1. 当现浇板厚度满足梁横向钢筋弯钩锚固要求时，梁可采用开口箍筋。

　　 2. 当现浇板厚度不满足梁横向钢筋弯钩锚固要求，且当梁配置复合箍筋时，梁周边采用封闭箍筋，而梁截面中部可采用开口箍筋。

δ_1 为第一级及中间各级踏步整体推高值

h_{s1} 为第一级(推高后)踏步的结构高度

h_{s2} 为最上一级(减小后)踏步的结构高度

Δ_1 为第一级踏步根部的板面层厚度

Δ_2 为第一级及中间各级踏步的面层厚度

Δ_3 为最上一级踏步（板）面层厚度

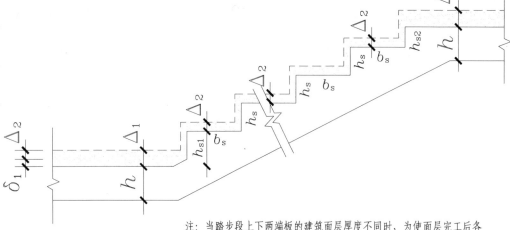

注：当踏步段上下两端板的建筑面层厚度不同时，为使面层完工后各级踏步等高等宽，必须减小最上一级踏步的高度并将其余踏步整体推高，推高的（垂直）高度值 $\delta_1 = \Delta_1 - \Delta_2$，高度减小后的最上一级踏步高度 $h_{s2} = h_s - (\Delta_3 - \Delta_2)$。

楼梯平板与踏步面层不同时踏高调整构造

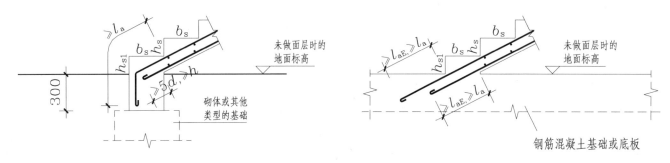

各型楼梯底层起步梯板下端与基础连接构造

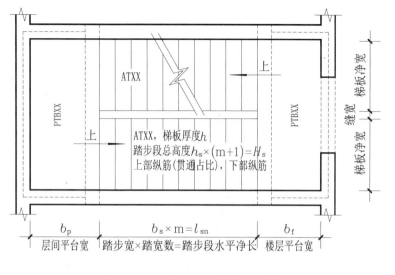

图1. 注写方式

标高XXX--标高XXX楼梯平面图
梯板分布钢筋：XXXXXX

注：楼层、层间平台板
PTB注写方式与构
造见第8章。

楼层、层间平台板PTB注写方式与构造见第8章。

图4. 交叉楼梯(无层间平台板)

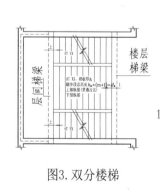

图3. 双分楼梯

图5. 剪刀楼梯

说明：
1. AT型楼梯的适用条件，为两梯梁之间的一跑矩形梯板全部由踏步段构成，即踏步段两端均以梯梁为支座。凡是满足该条件的楼梯均可为AT型，如：双跑楼梯（图1及图2），双分楼梯（图3），交叉楼梯（图4），剪刀楼梯（图5），等等。

2. AT型楼梯平面注写方式如图1所示。其中：集中注写的内容有6项，第1项为梯板类型代号与序号ATXX，第2项为梯板厚度h，第3项为踏步段总高度H_s [$=h_s×(m+1)$，式中h_s为踏步高，m+1为踏步数目]，第4项为上部纵筋（贯通占比），第5项为下部纵筋；第6项选注梯板分布筋（可统一注写在图名的下方）。设计示例如图2所示。

3. 在通用构造详图中，AT型梯板（支座端）上部纵筋的配置，抗震设计为非贯通与贯通筋之和，应将贯通筋占比例（通常为1/2或1/3）注在括号中；非抗震则全部为非贯通筋。楼梯平板与踏步面层不同时踏高调整构造见第3章尾页。楼梯与扶手连接的钢预埋件位置与做法应由设计者注明。

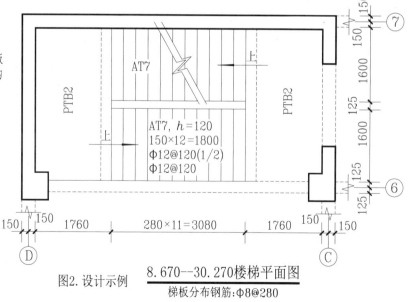

图2. 设计示例 **8.670--30.270楼梯平面图**
梯板分布钢筋：Φ8@280

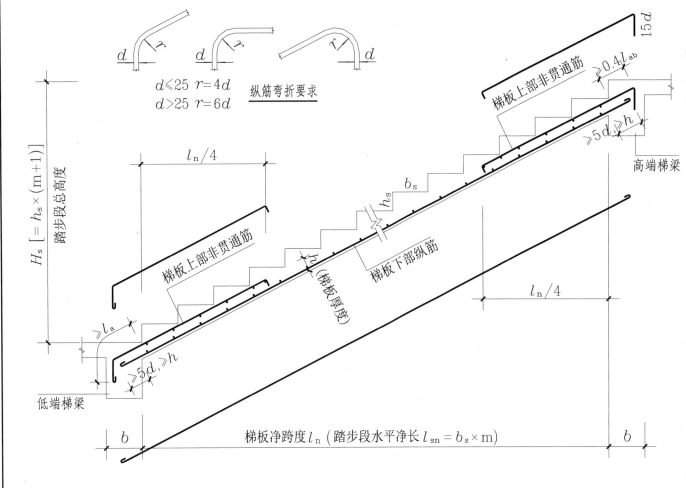

纵筋弯折要求

$d \leqslant 25 \quad r=4d$
$d > 25 \quad r=6d$

说明：

1. 锚固长度见第3章。

2. 梯板踏步段内斜放钢筋长度的
   计算方法：

   钢筋斜长＝水平投影长度$\times k$

   $$k = \frac{\sqrt{b_s^2 + h_s^2}}{b_s}$$

   或根据b_s与h_s的比值用插入
   法查下表：

b_s / h_s	k
1.0	1.414
1.2	1.302
1.4	1.229
1.6	1.179
1.8	1.144
2.0	1.118

3. 当采用HPB300光面钢筋时，除
   不大于90度的纵筋弯钩外，所
   有直线钢筋末端和弯钩角度大
   于90度的钩端应作180度弯钩，
   弯钩平直段长度不应小于$3d$；
   当采用HRB335或HRB400带肋钢
   筋时，则不作该弯钩。

4. 踏步两头踏高调整见第3章。

非抗震AT型梯板钢筋构造

注：AT型梯板钢筋构造适用于在低端
    与高端梯梁之间无平板的情况。

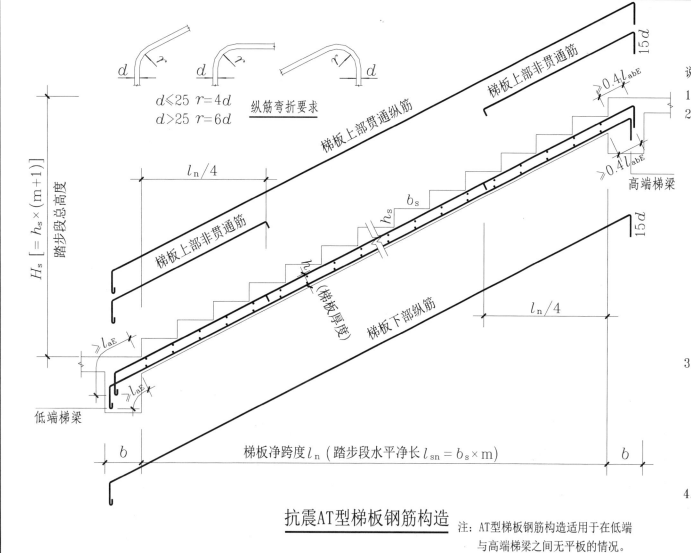

说明:

1. 锚固长度见第3章。

2. 梯板踏步段内斜放钢筋长度的计算方法:

   钢筋斜长=水平投影长度×k

   $$k = \frac{\sqrt{b_s^2 + h_s^2}}{b_s}$$

   或根据b_s与h_s的比值用插入法查下表:

b_s/h_s	k
1.0	1.414
1.2	1.302
1.4	1.229
1.6	1.179
1.8	1.144
2.0	1.118

3. 当采用HPB300光面钢筋时,除不大于90度的纵筋弯钩外,所有直线钢筋末端和弯钩角度大于90度的钩端应作180度弯钩,弯钩平直段长度不应小于$3d$;当采用HRB335或HRB400带肋钢筋时,则不作该弯钩。

4. 踏步两头踏高调整见第3章。

纵筋弯折要求

$d \leq 25$　$r=4d$
$d > 25$　$r=6d$

梯板上部非贯通筋

梯板上部贯通纵筋

$\geqslant 0.4l_{abE}$

$\geqslant 0.4l_{abE}$

高端梯梁

$15d$

$l_n/4$

b_s

h_s

梯板上部非贯通筋

h（梯板厚度）

梯板下部纵筋

$l_n/4$

$15d$

$H_s [= h_s×(m+1)]$

踏步段总高度

$\geqslant l_{aE}$

$\geqslant l_{aE}$

低端梯梁

b

梯板净跨度l_n（踏步段水平净长$l_{sn} = b_s×m$）

b

抗震AT型梯板钢筋构造

注：AT型梯板钢筋构造适用于在低端与高端梯梁之间无平板的情况。

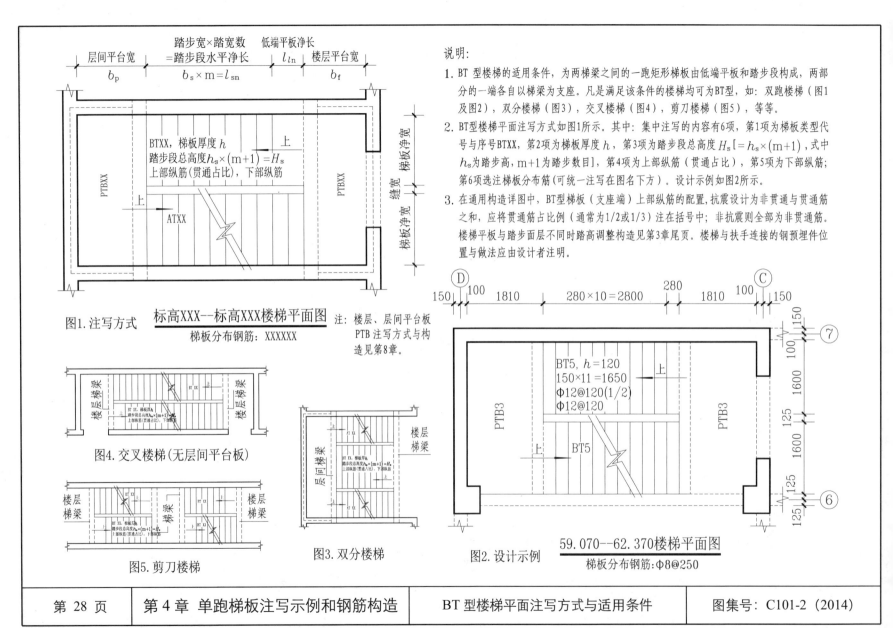

图1. 注写方式

标高XXX--标高XXX楼梯平面图

梯板分布钢筋：XXXXXX

注：楼层、层间平台板
PTB注写方式与构
造见第8章。

图4. 交叉楼梯(无层间平台板)

图5. 剪刀楼梯

图3. 双分楼梯

图2. 设计示例

59.070--62.370楼梯平面图

梯板分布钢筋：φ8@250

BT5, $h=120$
$150×11=1650$
φ12@120(1/2)
φ12@120

说明：

1. BT型楼梯的适用条件，为两梯梁之间的一跑矩形梯板由低端平板和踏步段构成，两部分的一端各自以梯梁为支座。凡是满足该条件的楼梯均可为BT型，如：双跑楼梯（图1及图2），双分楼梯（图3），交叉楼梯（图4），剪刀楼梯（图5），等等。

2. BT型楼梯平面注写方式如图1所示。其中：集中注写的内容有6项，第1项为梯板类型代号与序号BTXX，第2项为梯板厚度 h，第3项为踏步段总高度 H_s [$=h_s×(m+1)$，式中 h_s 为踏步高，m+1为踏步数目]，第4项为上部纵筋（贯通占比），第5项为下部纵筋；第6项选注梯板分布筋（可统一注写在图名下方）。设计示例如图2所示。

3. 在通用构造详图中，BT型梯板（支座端）上部纵筋的配置，抗震设计为非贯通与贯通筋之和，应将贯通筋占比例（通常为1/2或1/3）注在括号中；非抗震则全部为非贯通筋。楼梯平板与踏步面层不同时踏高调整构造见第3章尾页。楼梯与扶手连接的钢预埋件位置与做法应由设计者注明。

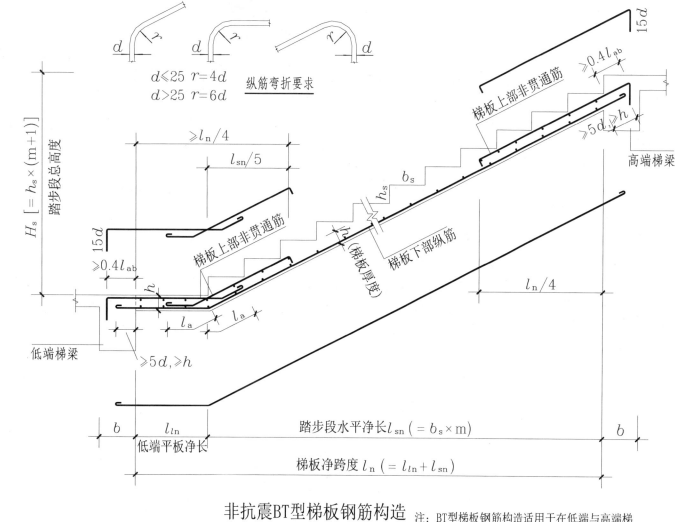

纵筋弯折要求

$d \leqslant 25 \quad r = 4d$
$d > 25 \quad r = 6d$

说明:

1. 锚固长度见第3章。

2. 梯板踏步段内斜放钢筋长度的计算方法:

   钢筋斜长=水平投影长度$\times k$

   $$k = \frac{\sqrt{b_s^2 + h_s^2}}{b_s}$$

   或根据b_s与h_s的比值用插入法查下表:

b_s/h_s	k
1.0	1.414
1.2	1.302
1.4	1.229
1.6	1.179
1.8	1.144
2.0	1.118

3. 当采用HPB300光面钢筋时,除不大于90度的纵筋弯钩外,所有直线钢筋末端和弯钩角度大于90度的钩端应作180度弯钩,弯钩平直段长度不应小于$3d$;当采用HRB335或HRB400带肋钢筋时,则不作该弯钩。

4. 踏步两头踏高调整见第3章。

5. 低端平板净长以板的上表面为准。

非抗震BT型梯板钢筋构造

注:BT型梯板钢筋构造适用于在低端与高端梯梁之间有低端平板的情况.

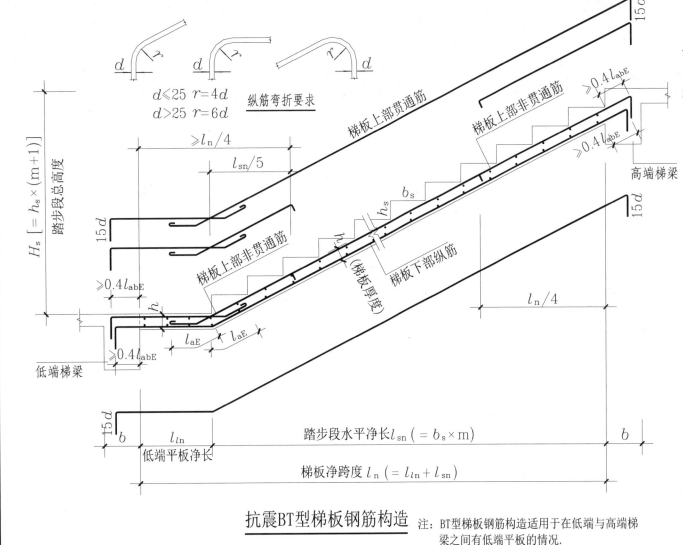

说明:

1. 锚固长度见第3章。

2. 梯板踏步段内斜放钢筋长度的计算方法:

   钢筋斜长=水平投影长度×k

   $$k = \frac{\sqrt{b_s^2 + h_s^2}}{b_s}$$

   或根据b_s与h_s的比值用插入法查下表:

b_s/h_s	k
1.0	1.414
1.2	1.302
1.4	1.229
1.6	1.179
1.8	1.144
2.0	1.118

3. 当采用HPB300光面钢筋时,除不大于90度的纵筋弯钩外,所有直线钢筋末端和弯钩角度大于90度的钩端应作180度弯钩,弯钩平直段长度不应小于$3d$;当采用HRB335或HRB400带肋钢筋时,则不作该弯钩。

4. 踏步两头踏高调整见第3章。

5. 低端平板净长以板的上表面为准。

抗震BT型梯板钢筋构造

注:BT型梯板钢筋构造适用于在低端与高端梯梁之间有低端平板的情况.

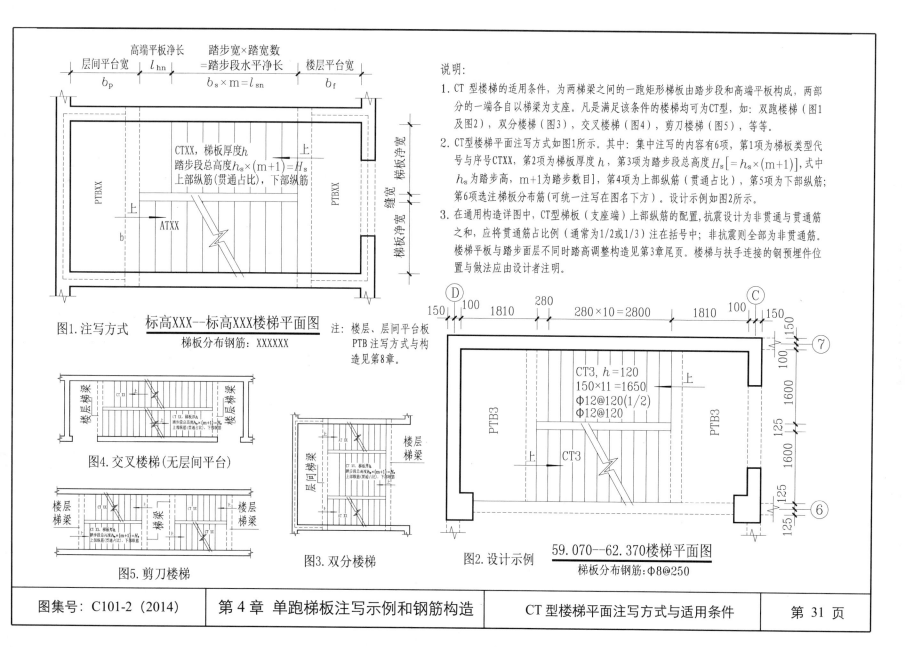

说明：
1. CT 型楼梯的适用条件，为两梯梁之间的一跑矩形梯板由踏步段和高端平板构成，两部分的一端各自以梯梁为支座。凡是满足该条件的楼梯均可为CT型，如：双跑楼梯（图1及图2），双分楼梯（图3），交叉楼梯（图4），剪刀楼梯（图5），等等。

2. CT型楼梯平面注写方式如图1所示。其中：集中注写的内容有6项，第1项为梯板类型代号与序号CTXX，第2项为梯板厚度 h，第3项为踏步段总高度 H_s [$= h_s \times (m+1)$]，式中 h_s 为踏步高，m+1为踏步数目]，第4项为上部纵筋（贯通占比），第5项为下部纵筋；第6项选注梯板分布筋（可统一注写在图名下方）。设计示例如图2所示。

3. 在通用构造详图中，CT型梯板（支座端）上部纵筋的配置，抗震设计为非贯通与贯通筋之和，应将贯通筋占比例（通常为1/2或1/3）注在括号中；非抗震则全部为非贯通筋。楼梯平板与踏步面层不同时踏高调整构造见第3章尾页。楼梯与扶手连接的钢预埋件位置与做法应由设计者注明。

CTXX，梯板厚度h
踏步段总高度 $h_s \times (m+1) = H_s$
上部纵筋（贯通占比），下部纵筋

标高XXX--标高XXX楼梯平面图

图1.注写方式

梯板分布钢筋：XXXXXX

注：楼层、层间平台板PTB注写方式与构造见第8章。

图4.交叉楼梯(无层间平台)

图5.剪刀楼梯

图3.双分楼梯

CT3, h=120
150×11 =1650
φ12@120(1/2)
φ12@120

59.070--62.370楼梯平面图

图2.设计示例

梯板分布钢筋：φ8@250

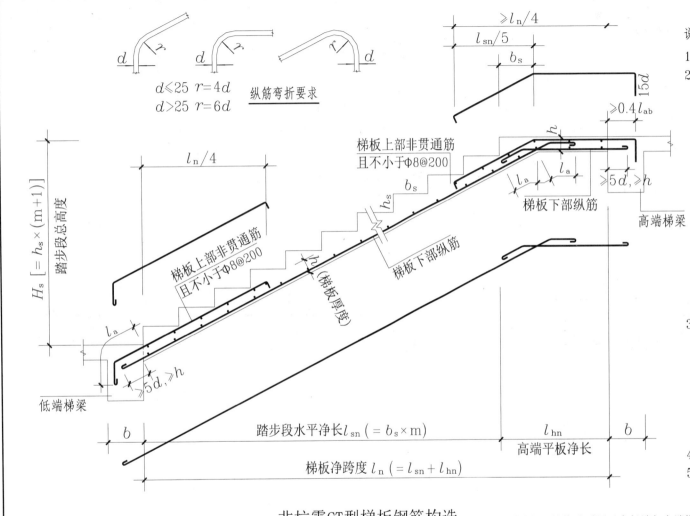

$d \leqslant 25 \quad r=4d$
$d > 25 \quad r=6d$

纵筋弯折要求

梯板上部非贯通筋
且不小于Φ8@200

梯板上部非贯通筋
且不小于Φ8@200

梯板下部纵筋

h(梯板厚度)

梯板下部纵筋

高端梯梁

低端梯梁

踏步段水平净长l_{sn} ($= b_s \times m$)

高端平板净长 l_{hn}

梯板净跨度 l_n ($= l_{sn} + l_{hn}$)

H_s [$= h_s \times (m+1)$] 踏步段总高度

非抗震CT型梯板钢筋构造

注：CT型梯板钢筋构造适用于在低端与高端梯梁之间有
高端平板的情况。

说明：

1. 锚固长度见第3章。
2. 梯板踏步段内斜放钢筋长度的
   计算方法：
   钢筋斜长=水平投影长度×k

$$k = \frac{\sqrt{b_s^2 + h_s^2}}{b_s}$$

   或根据b_s与h_s的比值用插入
   法查下表：

b_s/h_s	k
1.0	1.414
1.2	1.302
1.4	1.229
1.6	1.179
1.8	1.144
2.0	1.118

3. 当采用HPB300光面钢筋时，除
   不大于90度的纵筋弯钩外，所
   有直线钢筋末端和弯钩角度大
   于90度的钩端应作180度弯钩，
   弯钩平直段长度不应小于$3d$；
   当采用HRB335或HRB400带肋钢
   筋时，则不作该弯钩。
4. 踏步两头踏高调整见第3章。
5. 高端平板净长以板的上表面为
   准。

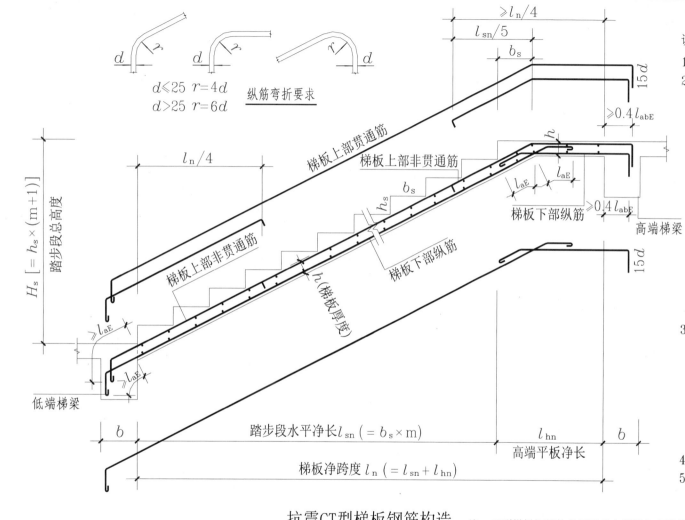

纵筋弯折要求

$d \leqslant 25 \quad r=4d$
$d>25 \quad r=6d$

梯板上部贯通筋

梯板上部非贯通筋

梯板上部非贯通筋

梯板下部纵筋

梯板下部纵筋

高端梯梁

低端梯梁

$h(梯板厚度)$

$H_s[=h_s×(m+1)]$

踏步段总高度

踏步段水平净长 $l_{sn}(=b_s×m)$

高端平板净长

梯板净跨度 $l_n(=l_{sn}+l_{hn})$

高端平板净长

说明:

1. 锚固长度见第3章。

2. 梯板踏步段内斜放钢筋长度的计算方法:

   钢筋斜长=水平投影长度×k

   $$k=\frac{\sqrt{b_s^2+h_s^2}}{b_s}$$

   或根据b_s与h_s的比值用插入法查下表:

b_s/h_s	k
1.0	1.414
1.2	1.302
1.4	1.229
1.6	1.179
1.8	1.144
2.0	1.118

3. 当采用HPB300光面钢筋时,除不大于90度的纵筋弯钩外,所有直线钢筋末端和弯钩角度大于90度的钩端应作180度弯钩,弯钩平直段长度不应小于$3d$;当采用HRB335或HRB400带肋钢筋时,则不作该弯钩。

4. 踏步两头踏高调整见第3章。

5. 高端平板净长以板的上表面为准。

抗震CT型梯板钢筋构造

注:CT型梯板钢筋构造适用于在低端与高端梯梁之间有高端平板的情况。

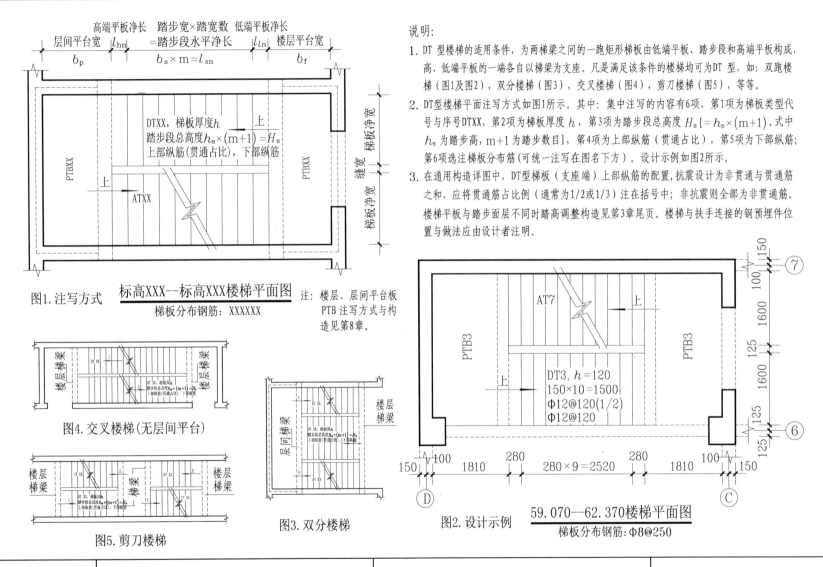

图1. 注写方式

标高XXX--标高XXX楼梯平面图

梯板分布钢筋：XXXXXX

注：楼层、层间平台板PTB注写方式与构造见第8章。

图4. 交叉楼梯(无层间平台)

图5. 剪刀楼梯

图3. 双分楼梯

图2. 设计示例

59.070--62.370楼梯平面图

梯板分布钢筋：Φ8@250

说明：

1. DT型楼梯的适用条件，为两梯梁之间的一跑矩形梯板由低端平台、踏步段和高端平台构成，高、低端平台的一端各自以梯梁为支座。凡是满足该条件的楼梯均可为DT型，如：双跑楼梯(图1及图2)，双分楼梯(图3)，交叉楼梯(图4)，剪刀楼梯(图5)，等等。

2. DT型楼梯平面注写方式如图1所示。其中：集中注写的内容有6项，第1项为梯板类型代号与序号DTXX，第2项为梯板厚度 h，第3项为踏步段总高度 H_s [$= h_s \times (m+1)$]，式中 h_s 为踏步高，m+1为踏步数目；第4项为上部纵筋（贯通占比），第5项为下部纵筋；第6项选注梯板分布筋（可统一注写在图名下方）。设计示例如图2所示。

3. 在通用构造详图中，DT型梯板（支座端）上部纵筋的配置，抗震设计为非贯通与贯通筋之和，应将贯通筋占比例（通常为1/2或1/3）注在括号中；非抗震则全部为非贯通筋。楼梯平板与踏步面层不同时踏高调整构造见第3章尾页。楼梯与扶手连接的钢预埋件位置与做法应由设计者注明。

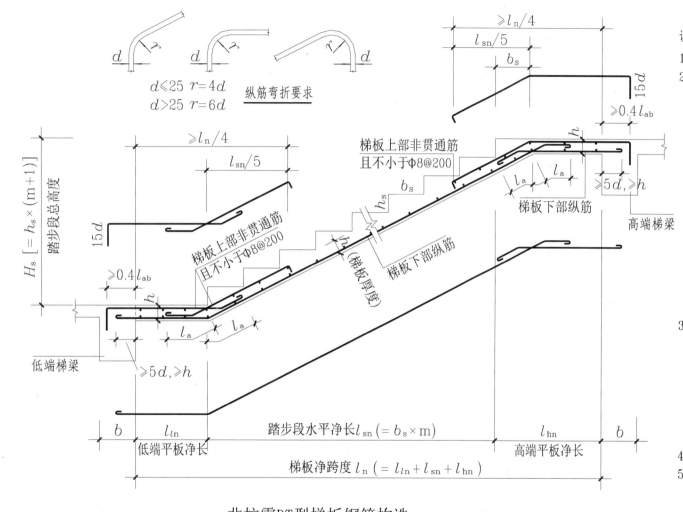

$d \leqslant 25$ $r=4d$
$d>25$ $r=6d$
纵筋弯折要求

梯板上部非贯通筋
且不小于$\phi 8@200$

梯板上部非贯通筋
且不小于$\phi 8@200$

梯板下部纵筋

梯板下部纵筋

$\geqslant l_n/4$

$l_{sn}/5$

b_s

$15d$

$\geqslant 0.4 l_{ab}$

$\geqslant 5d, \geqslant h$

高端梯梁

低端梯梁

$\geqslant l_n/4$

$l_{sn}/5$

$15d$

$\geqslant 0.4 l_{ab}$

$\geqslant 5d, \geqslant h$

$H_s [= h_s \times (m+1)]$ 踏步段总高度

b l_{ln} 低端平板净长

踏步段水平净长 $l_{sn}(= b_s \times m)$

l_{hn} 高端平板净长 b

梯板净跨度 $l_n (= l_{ln} + l_{sn} + l_{hn})$

非抗震DT型梯板钢筋构造

注：DT型梯板钢筋构造适用于在低端与高端
梯梁之间有低端和高端平板的情况。

说明：
1. 锚固长度l_a见第3章。
2. 梯板踏步段内斜放钢筋长度的
   计算方法：
   　钢筋斜长=水平投影长度×k

   $$k = \frac{\sqrt{b_s^2 + h_s^2}}{b_s}$$

   或根据b_s与h_s的比值用插入
   法查下表：

b_s/h_s	k
1.0	1.414
1.2	1.302
1.4	1.229
1.6	1.179
1.8	1.144
2.0	1.118

3. 当采用HPB300光面钢筋时，除
   不大于90度的纵筋弯钩外，所
   有直线钢筋末端和弯钩角度大
   于90度的钩端应作180度弯钩，
   弯钩平直段长度不应小于$3d$；
   当采用HRB335或HRB400带肋钢
   筋时，则不作该弯钩。
4. 踏步两头踏高调整见第3章。
5. 低端与高端平板净长以板的上
   表面为准。

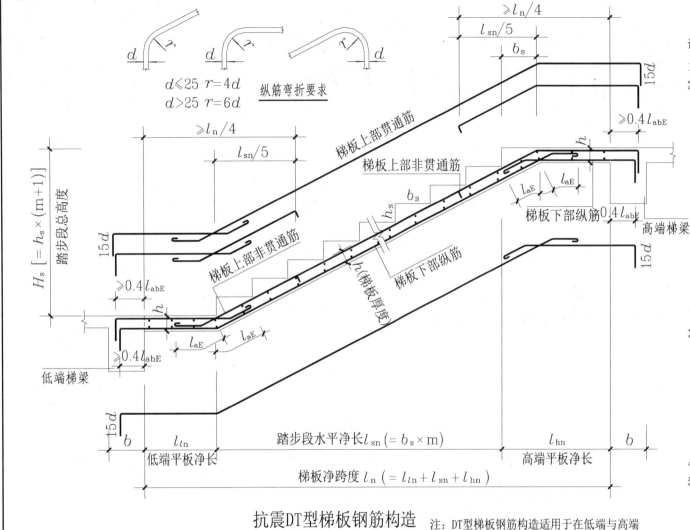

纵筋弯折要求

$d \leqslant 25 \quad r=4d$
$d > 25 \quad r=6d$

梯板上部贯通筋

梯板上部非贯通筋

梯板上部非贯通筋

梯板下部纵筋

梯板下部纵筋

$\geqslant l_n/4$

$l_{sn}/5$

b_s

$\geqslant l_n/4$

$l_{sn}/5$

$15d$

$\geqslant 0.4l_{abE}$

$H_s [=h_s \times (m+1)]$ 踏步段总高度

$15d$

$\geqslant 0.4l_{abE}$

l_{aE}

b_s

h_s

h(梯板厚度)

$\geqslant 0.4l_{abE}$

低端梯梁

$15d$

b

l_{ln}

低端平板净长

踏步段水平净长 $l_{sn}(=b_s \times m)$

l_{aE} l_{aE}

l_{aE} l_{aE}

$15d$

h

$0.4l_{abE}$

高端梯梁

l_{hn}

b

高端平板净长

梯板净跨度 $l_n (= l_{ln} + l_{sn} + l_{hn})$

抗震DT型梯板钢筋构造

注：DT型梯板钢筋构造适用于在低端与高端
梯梁之间有低端和高端平板的情况。

说明：
1. 锚固长度 l_a 见第3章。
2. 梯板踏步段内斜放钢筋长度的
   计算方法：

   钢筋斜长=水平投影长度×k

   $$k = \frac{\sqrt{b_s^2 + h_s^2}}{b_s}$$

   或根据 b_s 与 h_s 的比值用插入
   法查下表：

b_s/h_s	k
1.0	1.414
1.2	1.302
1.4	1.229
1.6	1.179
1.8	1.144
2.0	1.118

3. 当采用HPB300光面钢筋时，除
   不大于90度的纵筋弯钩外，所
   有直线钢筋末端和弯钩角度大
   于90度的钩端应作180度弯钩，
   弯钩平直段长度不应小于3d；
   当采用HRB335或HRB400带肋钢
   筋时，则不作该弯钩。
4. 踏步两头踏高调整见第3章。
5. 低端与高端平板净长以板的上
   表面为准。

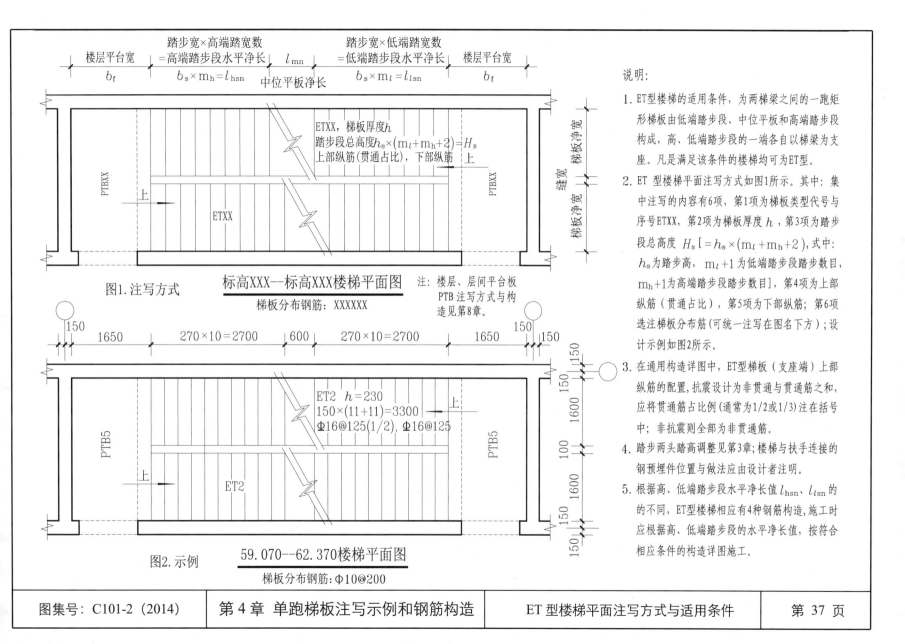

踏步宽×高端踏宽数 ＝高端踏步段水平净长 | l_{mn} | 踏步宽×低端踏宽数 ＝低端踏步段水平净长

楼层平台宽 | $b_s×m_h=l_{hsn}$ | 中位平板净长 | $b_s×m_l=l_{lsn}$ | 楼层平台宽

b_f | | | | b_f

梯板净宽

梯板净宽

缝宽

ETXX，梯板厚度h
踏步段总高度$h_s×(m_l+m_h+2)=H_s$
上部纵筋(贯通占比)，下部纵筋 上

PTBXX 上 PTBXX

图1.注写方式

标高XXX--标高XXX楼梯平面图

注：楼层、层间平台板
PTB注写方式与构
造见第8章。

梯板分布钢筋：XXXXXX

150 150
1650 | 270×10＝2700 | 600 | 270×10＝2700 | 1650 | 150
150
150
1600

ET2 $h=230$
150×(11+11)＝3300
$\Phi16@125(1/2)$，$\Phi16@125$ 上

PTB5 上 PTB5

1600
100
1600
150

图2.示例

59.070--62.370楼梯平面图

梯板分布钢筋:$\Phi10@200$

说明:

1. ET型楼梯的适用条件，为两梯梁之间的一跑矩形梯板由低端踏步段、中位平板和高端踏步段构成，高、低端踏步段的一端各自以梯梁为支座。凡是满足该条件的楼梯均可为ET型。

2. ET型楼梯平面注写方式如图1所示。其中：集中注写的内容有6项，第1项为梯板类型代号与序号ETXX，第2项为梯板厚度h，第3项为踏步段总高度$H_s[=h_s×(m_l+m_h+2)]$，式中：h_s为踏步高，m_l+1为低端踏步段踏步数目，m_h+1为高端踏步段踏步数目]，第4项为上部纵筋（贯通占比），第5项为下部纵筋；第6项选注梯板分布筋(可统一注写在图名下方)；设计示例如图2所示。

3. 在通用构造详图中，ET型梯板（支座端）上部纵筋的配置，抗震设计为非贯通与贯通筋之和，应将贯通筋占比(通常为1/2或1/3)注在括号中；非抗震则全部为非贯通筋。

4. 踏步两头踏高调整见第3章;楼梯与扶手连接的钢预埋件位置与做法应由设计者注明。

5. 根据高、低端踏步段水平净长值l_{hsn}、l_{lsn}的的不同，ET型楼梯相应有4种钢筋构造，施工时应根据高、低端踏步段的水平净长值，按符合相应条件的构造详图施工。

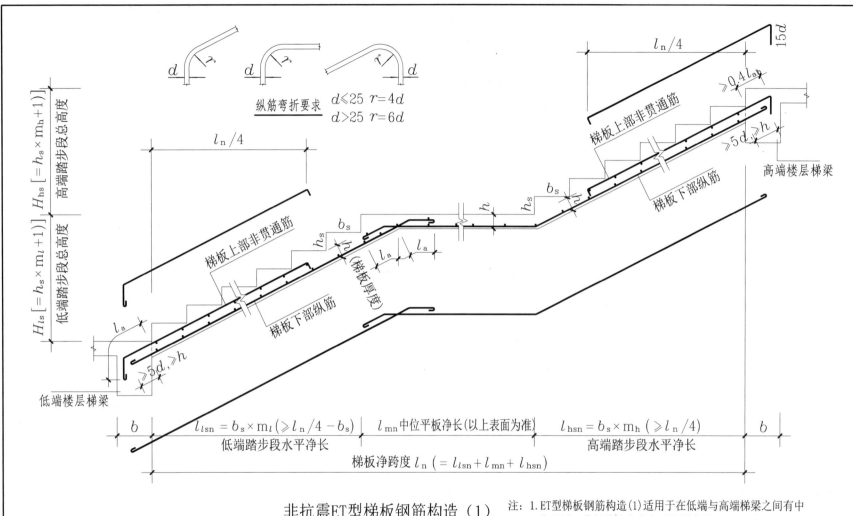

纵筋弯折要求 $d \leqslant 25$ $r = 4d$
$d > 25$ $r = 6d$

梯板上部非贯通筋

梯板上部非贯通筋

梯板下部纵筋

梯板下部纵筋

高端楼层梯梁

低端楼层梯梁

$l_{lsn} = b_s \times m_l \ (\geqslant l_n/4 - b_s)$
低端踏步段水平净长

l_{mn} 中位平板净长（以上表面为准）

$l_{hsn} = b_s \times m_h \ (\geqslant l_n/4)$
高端踏步段水平净长

梯板净跨度 $l_n \ (= l_{lsn} + l_{mn} + l_{hsn})$

非抗震ET型梯板钢筋构造（1）

注：1. ET型梯板钢筋构造(1)适用于在低端与高端梯梁之间有中位平板，其低端踏步段水平净长满足 $l_{lsn} \geqslant l_n/4 - b_s$，其高端踏步段水平净长满足 $l_{hsn} \geqslant l_n/4$ 的情况。
2. 其他要求参照AT型梯板说明。

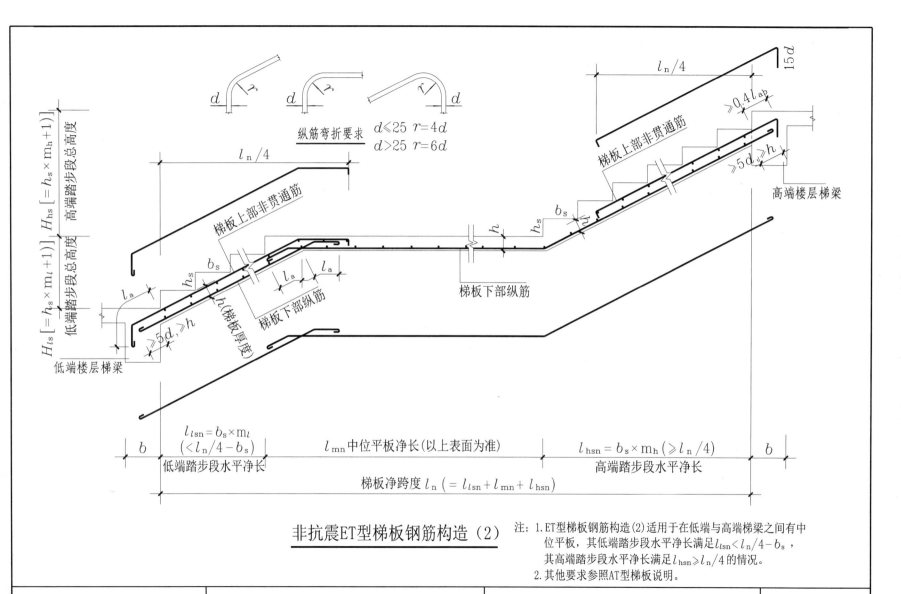

纵筋弯折要求 $d{\leqslant}25$ $r=4d$
$d>25$ $r=6d$

梯板上部非贯通筋

梯板上部非贯通筋

高端楼层梯梁

$l_n/4$

$15d$

$\geqslant 0.4l_{ab}$

$\geqslant 5d,\geqslant h$

b_s

h_s

$H_{hs}[=h_s\times m_h+1)]$ 高端踏步段总高度

$l_n/4$

梯板下部纵筋

h

h_s

b_s

l_a l_a

梯板下部纵筋

h_s b_s

l_a

h（梯板厚度）

$\geqslant 5d,\geqslant h$

$H_{ls}[=h_s\times m_l+1)]$ 低端踏步段总高度

低端楼层梯梁

$l_{lsn}=b_s\times m_l$
$(<l_n/4-b_s)$
低端踏步段水平净长

b

l_{mn}中位平板净长（以上表面为准）

$l_{hsn}=b_s\times m_h(\geqslant l_n/4)$
高端踏步段水平净长

b

梯板净跨度 $l_n(=l_{lsn}+l_{mn}+l_{hsn})$

非抗震ET型梯板钢筋构造（2）

注：1. ET型梯板钢筋构造(2)适用于在低端与高端梯梁之间有中位平板，其低端踏步段水平净长满足$l_{lsn}<l_n/4-b_s$，其高端踏步段水平净长满足$l_{hsn}\geqslant l_n/4$的情况。
2. 其他要求参照AT型梯板说明。

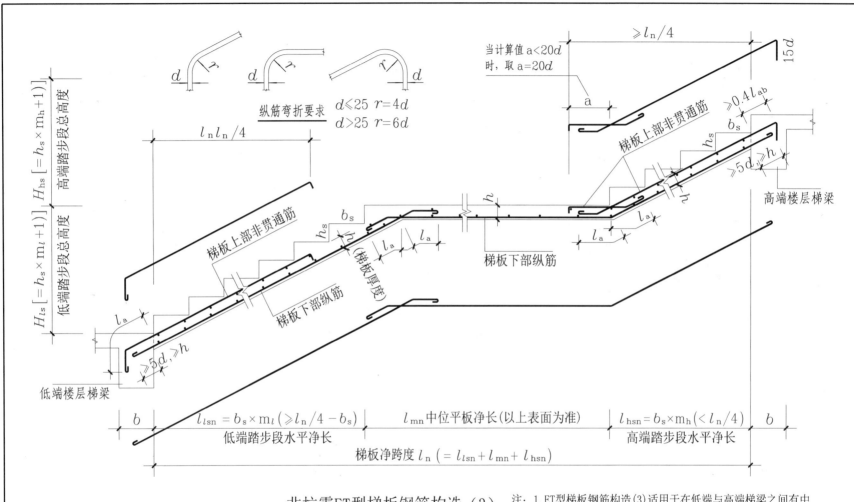

纵筋弯折要求 $d \leqslant 25 \ r=4d$ $d>25 \ r=6d$

当计算值a<20d时, 取a=20d

梯板上部非贯通筋

梯板上部非贯通筋

梯板上部非贯通筋

高端楼层梯梁

梯板下部纵筋

梯板下部纵筋

(梯板厚度)

低端楼层梯梁

$l_{lsn}=b_s \times m_l (\geqslant l_n/4-b_s)$

低端踏步段水平净长

l_{mn} 中位平板净长(以上表面为准)

$l_{hsn}=b_s \times m_h (<l_n/4)$

高端踏步段水平净长

梯板净跨度 $l_n (=l_{lsn}+l_{mn}+l_{hsn})$

$H_{ls}[=h_s \times m_l+1)]$ 低端踏步段总高度

$H_{hs}[=h_s \times m_h+1)]$ 高端踏步段总高度

非抗震ET型梯板钢筋构造（3）

注: 1. ET型梯板钢筋构造(3)适用于在低端与高端梯梁之间有中位平板, 其低端踏步段水平净长满足 $l_{lsn} \geqslant l_n/4-b_s$, 其高端踏步段水平净长满足 $l_{hsn}<l_n/4$ 的情况。
2. 其他要求参照AT型梯板说明。

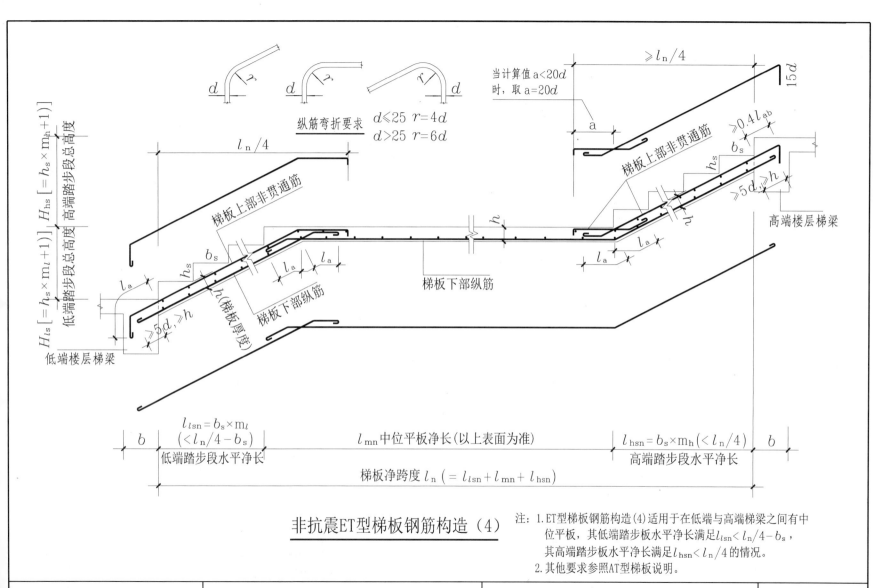

纵筋弯折要求　$d \leqslant 25$　$r=4d$
　　　　　　　$d > 25$　$r=6d$

当计算值 a<20d
时，取 a=20d

梯板上部非贯通筋

梯板上部非贯通筋

$\geqslant 0.4 l_{ab}$

$15d$

$\geqslant l_n/4$

b_s

h_s

$\geqslant 5d, \geqslant h$

高端楼层梯梁

l_a

h

$l_n/4$

梯板上部非贯通筋

b_s

h_s

l_a　l_a

梯板下部纵筋

l_a　l_a

梯板下部纵筋

h(梯板厚度)

$\geqslant 5d, \geqslant h$

低端楼层梯梁

$H_{ls}[=h_s \times (m_l+1)]$
低端踏步段总高度
$H_{hs}[=h_s \times (m_h+1)]$
高端踏步段总高度

b

$l_{lsn}=b_s \times m_l$
$(< l_n/4-b_s)$
低端踏步段水平净长

l_{mn} 中位平板净长（以上表面为准）

$l_{hsn}=b_s \times m_h (< l_n/4)$
高端踏步段水平净长

b

梯板净跨度 $l_n (= l_{lsn}+l_{mn}+l_{hsn})$

非抗震ET型梯板钢筋构造（4）

注：1.ET型梯板钢筋构造(4)适用于在低端与高端梯梁之间有中位平板，其低端踏步板水平净长满足 $l_{lsn} < l_n/4 - b_s$，其高端踏步板水平净长满足 $l_{hsn} < l_n/4$ 的情况。
2.其他要求参照AT型梯板说明。

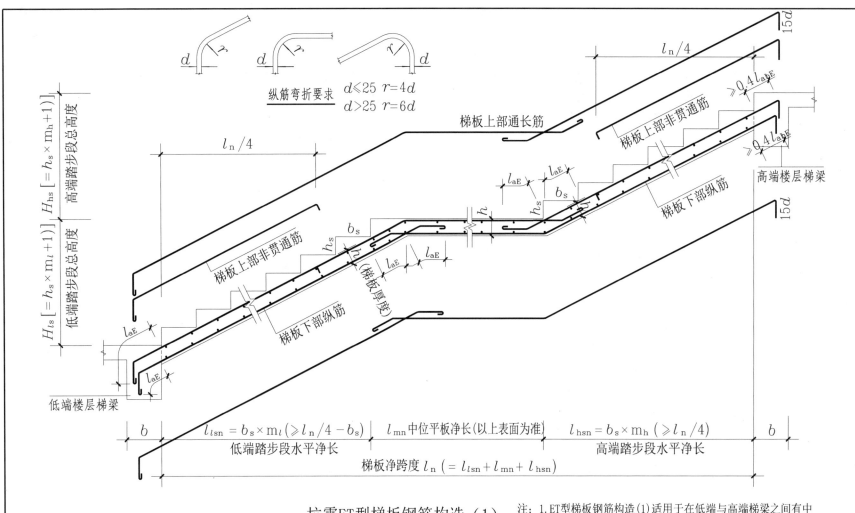

纵筋弯折要求 $d \leqslant 25$ $r=4d$
$d > 25$ $r=6d$

梯板上部通长筋

梯板上部非贯通筋

$l_n/4$

$15d$

$\geqslant 0.4l_{aE}$

梯板上部非贯通筋

$\geqslant 0.4l_{aE}$

高端楼层梯梁

梯板下部纵筋

l_{aE} l_{aE}

b_s h_s b_s

$l_n/4$

b_s

h_s h

h（梯板厚度）

l_{aE} l_{aE}

$H_{hs}[=h_s \times m_h+1]$ 高端踏步段总高度

$H_{ls}[=h_s \times m_l+1]$ 低端踏步段总高度

梯板上部非贯通筋

h_s

梯板下部纵筋

$15d$

l_{aE}

l_{aE}

低端楼层梯梁

b　$l_{lsn}=b_s \times m_l\,(\geqslant l_n/4-b_s)$　l_{mn}中位平板净长(以上表面为准)　$l_{hsn}=b_s \times m_h\,(\geqslant l_n/4)$　b
低端踏步段水平净长　　　　　　　　　　　　　　高端踏步段水平净长

梯板净跨度 $l_n\,(=l_{lsn}+l_{mn}+l_{hsn})$

抗震ET型梯板钢筋构造（1）

注：1. ET型梯板钢筋构造(1)适用于在低端与高端梯梁之间有中位平板，其低端踏步段水平净长满足 $l_{lsn} \geqslant l_n/4-b_s$，其高端踏步段水平净长满足 $l_{hsn} \geqslant l_n/4$ 的情况。
2. 其他要求参照AT型梯板说明。

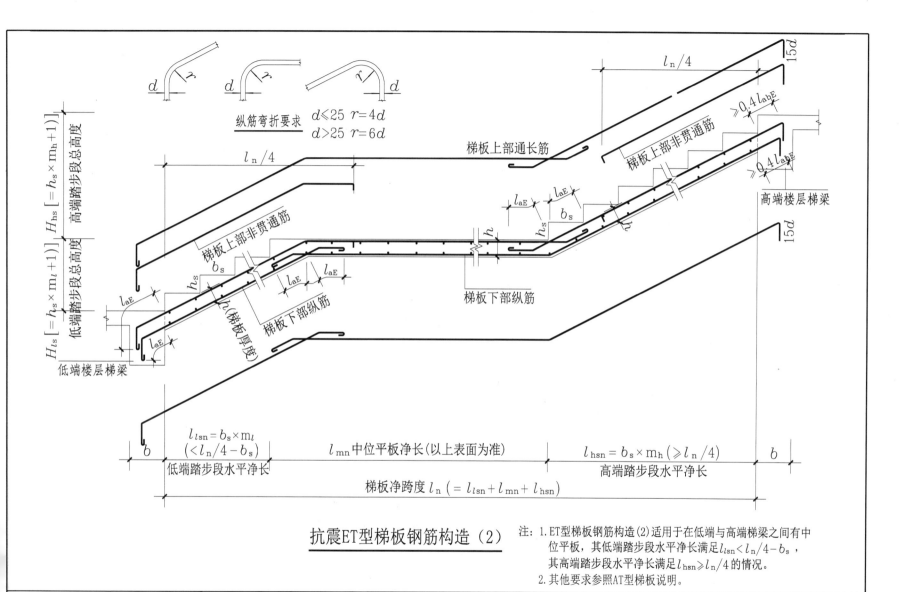

$$\text{纵筋弯折要求} \quad \begin{array}{l} d \leqslant 25 \quad r = 4d \\ d > 25 \quad r = 6d \end{array}$$

梯板上部通长筋

梯板上部非贯通筋

$l_n/4$

$\geqslant 0.4 l_{abE}$

$\geqslant 0.4 l_{abE}$

$15d$

l_{aE} l_{aE}

b_s

h_s

h

高端楼层梯梁

$15d$

梯板上部非贯通筋

b_s

h_s

l_{aE} l_{aE}

h(梯板厚度)

梯板下部纵筋

$l_n/4$

梯板下部纵筋

l_{aE}

l_{aE}

h_s

b_s

低端楼层梯梁

$H_{hs}\left[=h_s\times m_h+1\right]$ 高端踏步段总高度

$H_{ls}\left[=h_s\times m_l+1\right]$ 低端踏步段总高度

$l_{lsn}=b_s\times m_l$
$(<l_n/4-b_s)$

b

低端踏步段水平净长

l_{mn}中位平板净长(以上表面为准)

$l_{hsn}=b_s\times m_h\ (\geqslant l_n/4)$

高端踏步段水平净长

b

梯板净跨度 $l_n\ (=l_{lsn}+l_{mn}+l_{hsn})$

抗震ET型梯板钢筋构造（2）

注: 1. ET型梯板钢筋构造(2)适用于在低端与高端梯梁之间有中位平板，其低端踏步段水平净长满足$l_{lsn}<l_n/4-b_s$，其高端踏步段水平净长满足$l_{hsn}\geqslant l_n/4$的情况。
2. 其他要求参照AT型梯板说明。

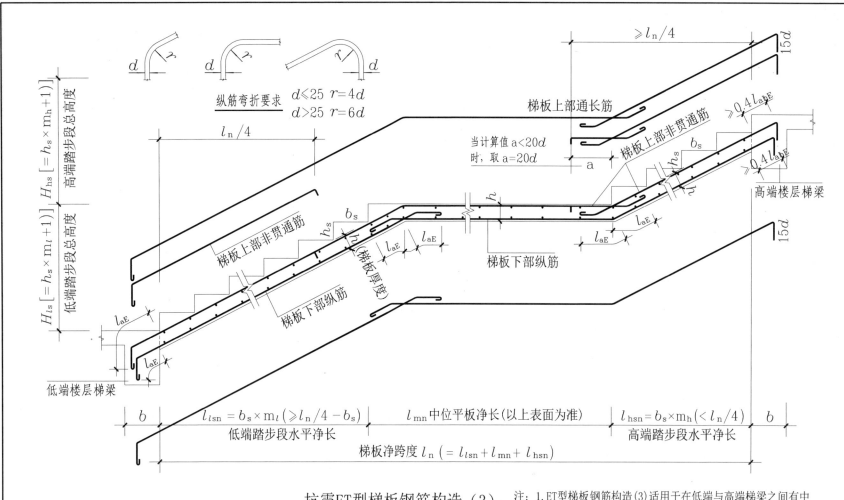

纵筋弯折要求 $d \leqslant 25$ $r=4d$
$d>25$ $r=6d$

当计算值$a<20d$时，取$a=20d$

梯板上部通长筋

梯板上部非贯通筋

高端楼层梯梁

梯板上部非贯通筋

梯板上部非贯通筋

梯板下部纵筋

梯板下部纵筋

低端楼层梯梁

$H_{ls}[=h_s \times m_l+1)]$ 低端踏步段总高度

$H_{hs}[=h_s \times m_h+1)]$ 高端踏步段总高度

b

$l_{lsn}=b_s \times m_l(\geqslant l_n/4-b_s)$ 低端踏步段水平净长

l_{mn} 中位平板净长（以上表面为准）

$l_{hsn}=b_s \times m_h(<l_n/4)$ 高端踏步段水平净长

b

梯板净跨度 l_n $(=l_{lsn}+l_{mn}+l_{hsn})$

抗震ET型梯板钢筋构造（3）

注：1.ET型梯板钢筋构造(3)适用于在低端与高端梯梁之间有中位平板，其低端踏步段水平净长满足$l_{lsn} \geqslant l_n/4-b_s$，其高端踏步段水平净长满足$l_{hsn}<l_n/4$的情况。
2.其他要求参照AT型梯板说明。

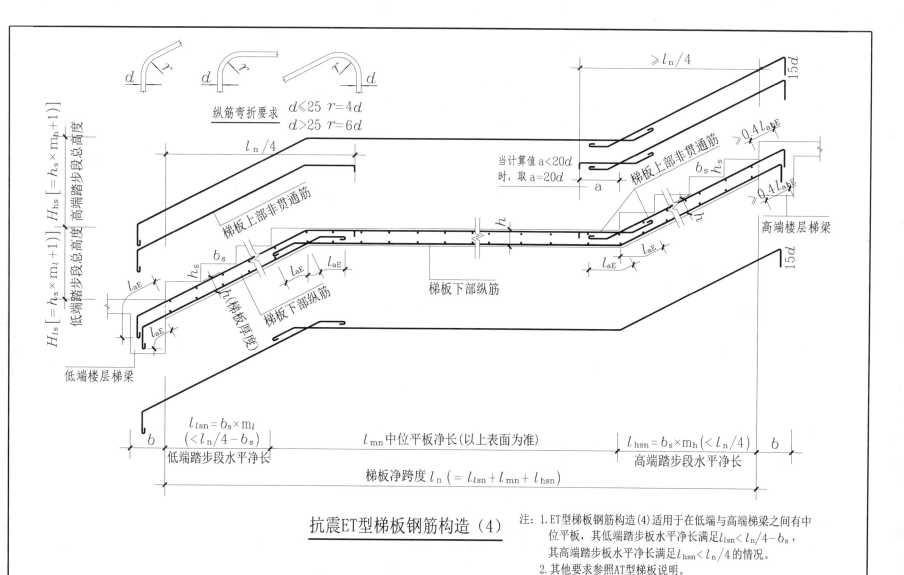

纵筋弯折要求 $d \leqslant 25$ $r=4d$
$d>25$ $r=6d$

$l_\mathrm{n}/4$

$15d$

当计算值a<20d
时，取a=20d

梯板上部非贯通筋

$\geqslant 0.4 l_\mathrm{aE}$

b_s h_s

$\geqslant 0.4 l_\mathrm{aE}$

$l_\mathrm{n}/4$

梯板上部非贯通筋

a

高端楼层梯梁

b_s

h_s

l_aE

h(梯板厚度)

l_aE

l_aE

梯板下部纵筋

l_aE

l_aE

梯板下部纵筋

$15d$

$H_{ls}\left[=h_\mathrm{s}\times\mathrm{m}_l+1\right)\right]$ 低端踏步段总高度

$H_\mathrm{hs}\left[=h_\mathrm{s}\times\mathrm{m}_\mathrm{h}+1\right)\right]$ 高端踏步段总高度

h

低端楼层梯梁

b

$l_{lsn}=b_\mathrm{s}\times\mathrm{m}_l$
$(<l_\mathrm{n}/4-b_\mathrm{s})$

低端踏步段水平净长

l_mn 中位平板净长(以上表面为准)

$l_\mathrm{hsn}=b_\mathrm{s}\times\mathrm{m}_\mathrm{h}(<l_\mathrm{n}/4)$

b

高端踏步段水平净长

梯板净跨度 $l_\mathrm{n}\left(=l_{lsn}+l_\mathrm{mn}+l_\mathrm{hsn}\right)$

抗震ET型梯板钢筋构造（4）

注：1. ET型梯板钢筋构造(4)适用于在低端与高端梯梁之间有中位平板，其低端踏步板水平净长满足$l_{lsn}<l_\mathrm{n}/4-b_\mathrm{s}$，其高端踏步板水平净长满足$l_\mathrm{hsn}<l_\mathrm{n}/4$的情况。
2. 其他要求参照AT型梯板说明。

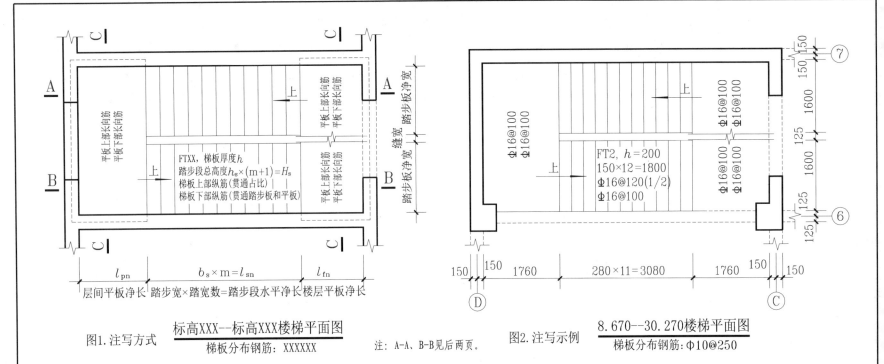

图1.注写方式

标高XXX--标高XXX楼梯平面图

梯板分布钢筋：XXXXXX

注：A-A、B-B见后两页。

图2.注写示例

8.670--30.270楼梯平面图

梯板分布钢筋：Φ10@250

说明：

1. FT型楼梯的适用条件为：(1) 楼梯间内不设置梯梁，矩形梯板由楼层平板、两跑踏步段与层间平板三部分构成；(2) 楼层平板及层间平板均采用三边支承，另一边与踏步段相连；(3)同一楼层内各踏步段的水平净长相等，总高度相等(即等分楼层高度)。凡是满足以上条件的可为FT型，如：双跑楼梯，双分楼梯等。

2. FT型楼梯平面注写方式如图1与图2所示。其中：集中注写的内容有8项：(1)梯板类型代号与序号FTXX；(2)梯板厚度 ；(3)踏步段总高度 H_s [$=h_s \times (m+1)$]，式中 h_s 为踏步高，m+1为踏步数目；(4)梯板上部纵筋(贯通占比)，(5)梯板下部纵筋(贯通踏步板和平板)；(6)选注梯板分布筋(可统一注写在图名的下方)；

(7)平板上部长向筋(在平板上注写)；(8)平板下部长向筋(在平板上注写)。注写方式示意图中的截面号为表达相应部位的通用构造截面详图所设，在具体平法楼梯结构施工图中不需绘制截面号及详图。

3. 楼梯平板与踏步的面层厚度不同时，踏高调整构造见第3章尾页。

4. 楼梯与扶手连接的钢预埋件位置和做法，以及梯板较厚需设置拉筋时，应由设计者注明。

5.

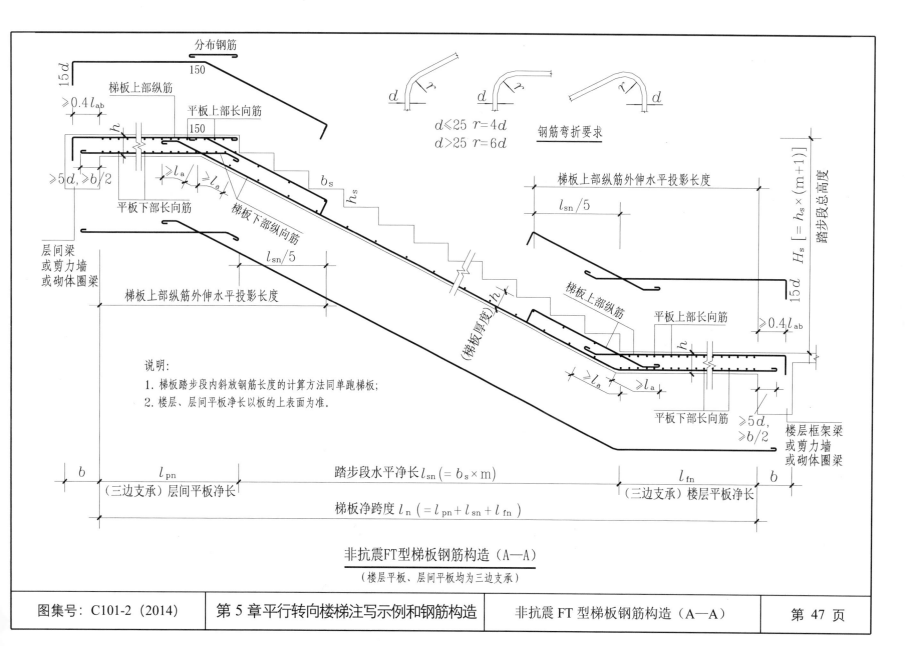

分布钢筋

15d

≥0.4l_{ab}

梯板上部纵筋

平板上部长向筋

150

h

b_s

h_s

≥5d,≥b/2

≥l_a ≥l_a

平板下部长向筋

梯板下部纵向筋

层间梁
或剪力墙
或砌体圈梁

梯板上部纵筋外伸水平投影长度

$l_{sn}/5$

d ∠ ∠ d   d ∠ ∠   r∠ d

钢筋弯折要求

d≤25 r=4d
d>25 r=6d

梯板上部纵筋外伸水平投影长度

$l_{sn}/5$

H_s [=h_s×(m+1)] 踏步段总高度

15d

≥0.4l_{ab}

梯板上部纵筋

平板上部长向筋

h

≥l_a ≥l_a

平板下部长向筋

≥5d,
≥b/2

楼层框架梁
或剪力墙
或砌体圈梁

(梯板厚度)h

说明:
1. 梯板踏步段内斜放钢筋长度的计算方法同单跑梯板;
2. 楼层、层间平板净长以板的上表面为准。

b

l_{pn}

(三边支承)层间平板净长

踏步段水平净长 l_{sn}(=b_s×m)

l_{fn}

(三边支承)楼层平板净长

b

梯板净跨度 l_n (=l_{pn}+l_{sn}+l_{fn})

非抗震FT型梯板钢筋构造（A—A）

（楼层平板、层间平板均为三边支承）

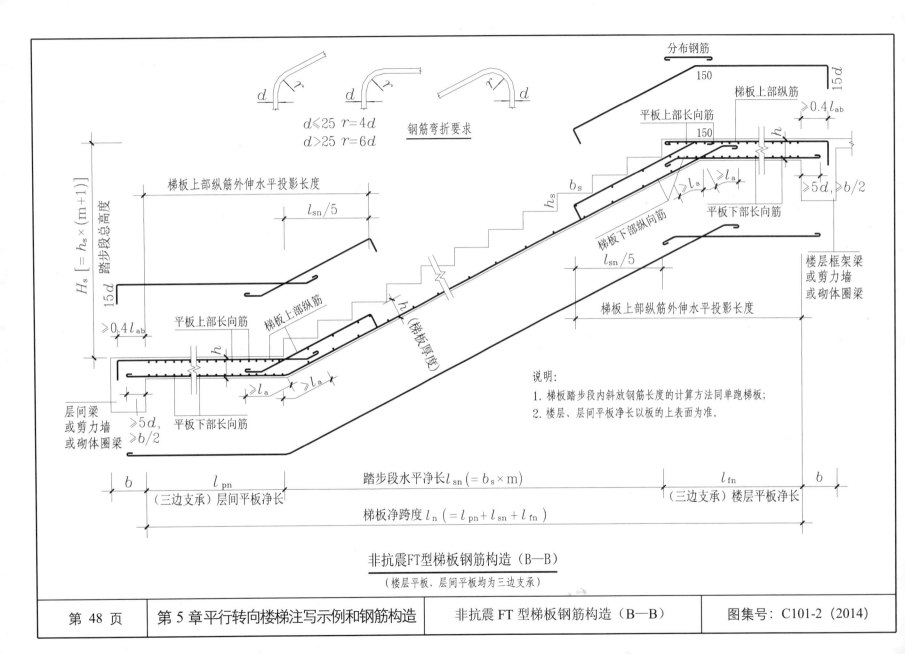

分布钢筋

d d d

$d \leqslant 25$ $r = 4d$
$d > 25$ $r = 6d$

钢筋弯折要求

梯板上部纵筋

平板上部长向筋

150

$\geqslant 0.4 l_{ab}$

$15d$

梯板上部纵筋外伸水平投影长度

$l_{sn}/5$

b_s

h_s

$\geqslant l_a$ $\geqslant l_a$

平板下部长向筋

梯板下部纵向筋

$\geqslant 5d, \geqslant b/2$

H_s [$= h_s \times (m+1)$]

踏步段总高度

$15d$

$\geqslant 0.4 l_{ab}$

平板上部长向筋

梯板上部纵筋

$l_{sn}/5$

梯板上部纵筋外伸水平投影长度

h (梯板厚度)

楼层框架梁
或剪力墙
或砌体圈梁

h

$\geqslant l_a$ $\geqslant l_a$

说明:

1. 梯板踏步段内斜放钢筋长度的计算方法同单跑梯板;
2. 楼层、层间平板净长以板的上表面为准。

层间梁
或剪力墙
或砌体圈梁

$\geqslant 5d,$
$\geqslant b/2$

平板下部长向筋

b

l_{pn}
(三边支承) 层间平板净长

踏步段水平净长 $l_{sn} (= b_s \times m)$

l_{fn}
(三边支承) 楼层平板净长

b

梯板净跨度 l_n ($= l_{pn} + l_{sn} + l_{fn}$)

非抗震FT型梯板钢筋构造(B—B)

(楼层平板、层间平板均为三边支承)

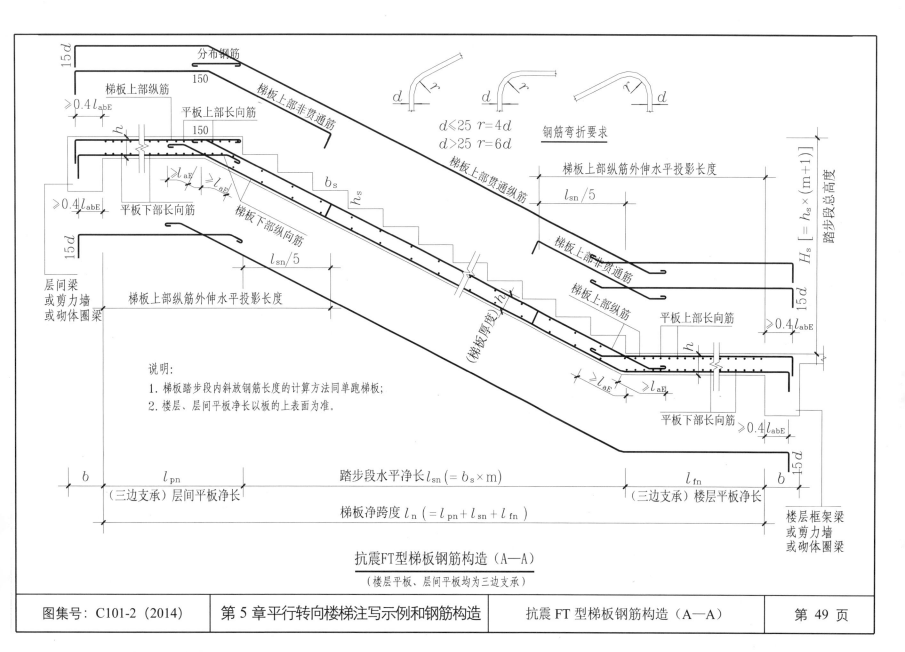

说明：
1. 梯板踏步段内斜放钢筋长度的计算方法同单跑梯板；
2. 楼层、层间平板净长以板的上表面为准。

$d \leqslant 25 \quad r = 4d$
$d > 25 \quad r = 6d$

钢筋弯折要求

分布钢筋

梯板上部纵筋

平板上部长向筋

梯板上部非贯通筋

梯板上部贯通纵筋

梯板上部纵筋外伸水平投影长度

$l_{sn}/5$

$\geqslant 0.4 l_{abE}$

平板下部长向筋

梯板下部纵向筋

梯板上部非贯通筋

梯板上部纵筋

$l_{sn}/5$

梯板上部纵筋外伸水平投影长度

层间梁
或剪力墙
或砌体圈梁

（梯板厚度）h_s

平板上部长向筋

平板下部长向筋

$\geqslant 0.4 l_{abE}$

b
l_{pn}
（三边支承）层间平板净长

踏步段水平净长 $l_{sn}(= b_s \times m)$

l_{fn}
（三边支承）楼层平板净长

b

梯板净跨度 $l_n (= l_{pn} + l_{sn} + l_{fn})$

$H_s [= h_s \times (m+1)]$
踏步段总高度

楼层框架梁
或剪力墙
或砌体圈梁

抗震FT型梯板钢筋构造（A—A）
（楼层平板、层间平板均为三边支承）

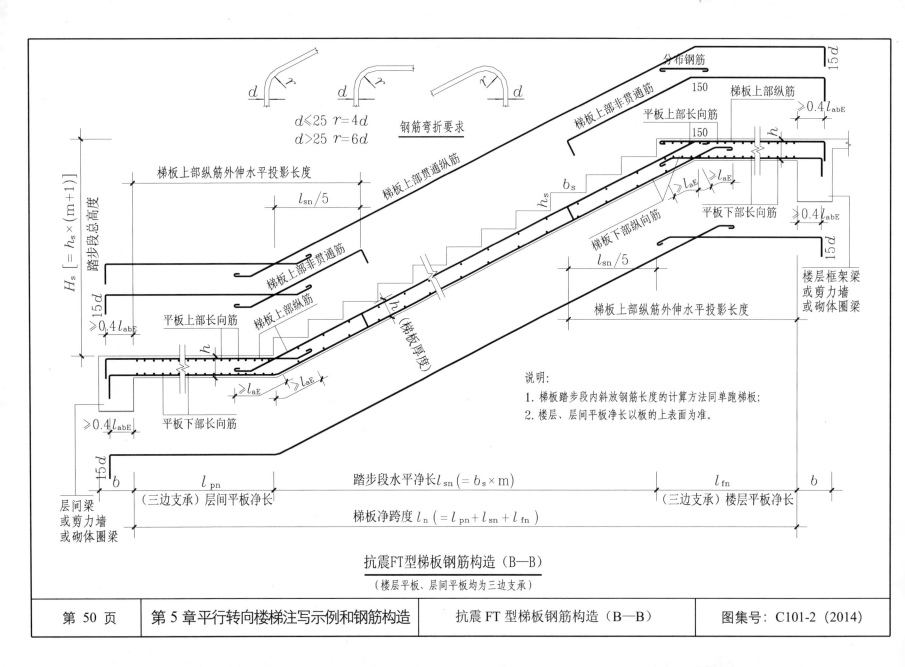

钢筋弯折要求

$d \leqslant 25\ r = 4d$
$d > 25\ r = 6d$

说明:
1. 梯板踏步段内斜放钢筋长度的计算方法同单跑梯板;
2. 楼层、层间平板净长以板的上表面为准。

抗震FT型梯板钢筋构造（B—B）

（楼层平板、层间平板均为三边支承）

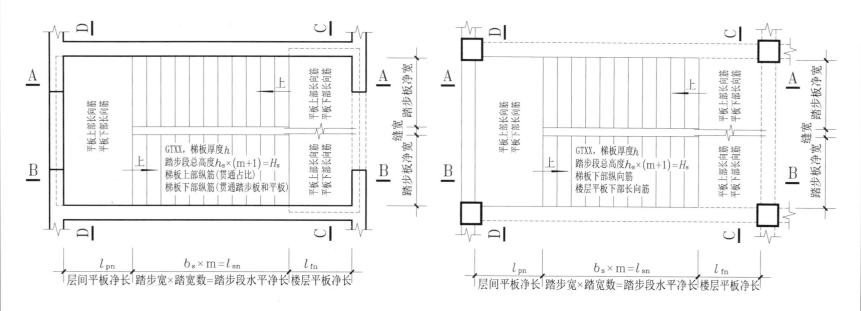

图1.注写方式 <u>标高XXX--标高XXX楼梯平面图</u>
梯板分布钢筋：XXXXXX

注：A-A、B-B见后两页。

图2.注写方式 <u>标高XXX--标高XXX楼梯平面图</u>
梯板分布钢筋：XXXXXX

说明：

1. GT型楼梯的适用条件为：(1)楼梯间内不设置梯梁，矩形梯板由楼层平板、两跑踏步段与层间平板三部分构成；(2)楼层平板采用三边支承，另一边与踏步段的一端相连；层间平板采用单边支承，对边与踏步段的另一端相连，另外两相对侧边为自由边；(3)同一楼层内各踏步段的水平净长相等，总高度相等(即等分楼层高度)。凡是满足以上条件的均可为GT型，如：双跑楼梯，双分楼梯等。

2. GT型楼梯平面注写方式如图1与图2所示。其中：集中注写的内容有8项：(1)梯板类型代号与序号FTXX；(2)梯板厚度 ；(3)踏步段总高度 $H_s[=h_s \times (m+1)]$，式中 h_s 为踏步高，m+1为踏步数目；(4)梯板上部纵筋(贯通占比)，(5)梯板下部纵筋(贯通踏步板和平板)；(6)选注梯板分布筋(可统一注写在图名的下方)；(7)平板上部长向筋(在平板上注写)；(8)平板下部长向筋(在平板上注写)。注写方式示意图中的截面号为表达相应部位的通用构造截面详图所设，在具体平法楼梯结构施工图中不需绘制截面号及详图。

3. 楼梯平板与踏步的面层厚度不同时，踏高调整构造见第3章尾页。

4. 楼梯与扶手连接的钢预埋件位置与做法，以及梯板较厚需设置拉筋时，应由设计者注明。

5. 楼层与层间平板配筋截面图C-C、D-D见本章第76、77页。

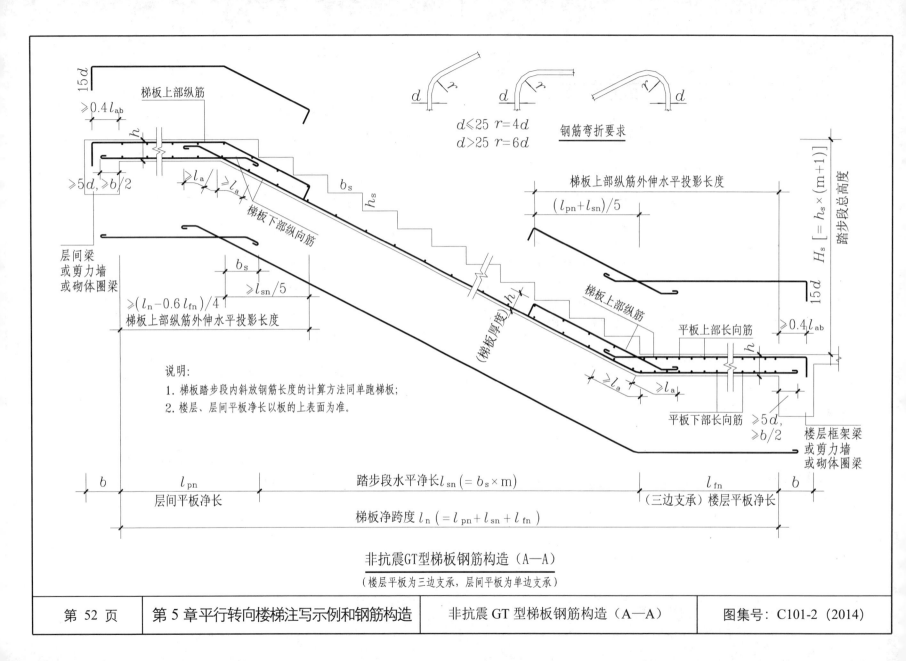

钢筋弯折要求

$d \leqslant 25 \quad r = 4d$
$d > 25 \quad r = 6d$

梯板上部纵筋

梯板下部纵向筋

层间梁
或剪力墙
或砌体圈梁

梯板上部纵筋外伸水平投影长度

梯板上部纵筋外伸水平投影长度

说明：
1. 梯板踏步段内斜放钢筋长度的计算方法同单跑梯板；
2. 楼层、层间平板净长以板的上表面为准。

平板上部长向筋

梯板上部纵筋

平板下部长向筋

楼层框架梁
或剪力墙
或砌体圈梁

b 层间平板净长 l_{pn}

踏步段水平净长 $l_{sn}(= b_s \times m)$

l_{fn} （三边支承）楼层平板净长 b

梯板净跨度 $l_n (= l_{pn} + l_{sn} + l_{fn})$

非抗震GT型梯板钢筋构造（A—A）

（楼层平板为三边支承，层间平板为单边支承）

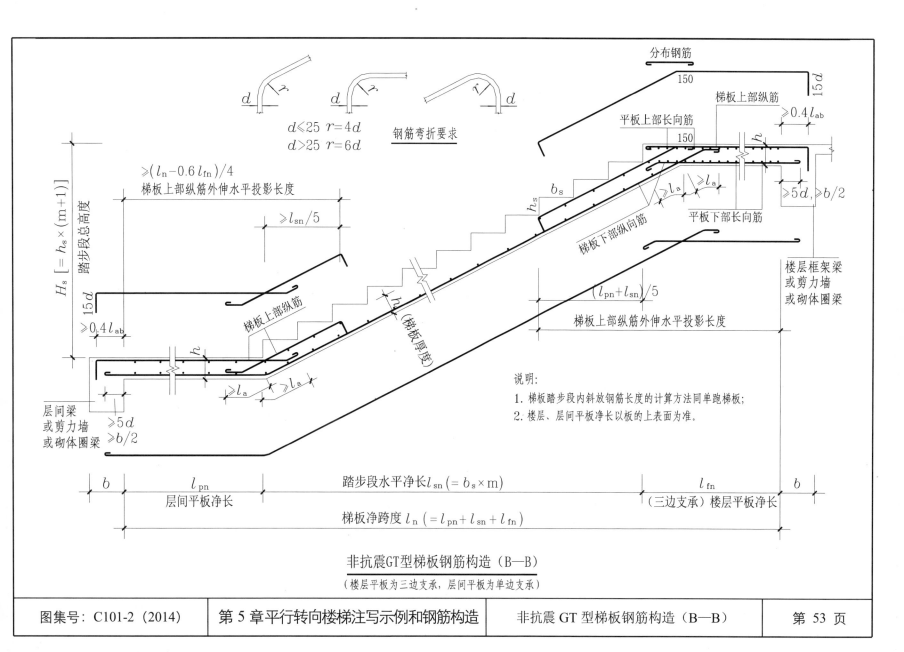

钢筋弯折要求

$d \leqslant 25 \quad r = 4d$
$d > 25 \quad r = 6d$

说明:
1. 梯板踏步段内斜放钢筋长度的计算方法同单跑梯板;
2. 楼层、层间平板净长以板的上表面为准。

非抗震GT型梯板钢筋构造(B—B)

(楼层平板为三边支承,层间平板为单边支承)

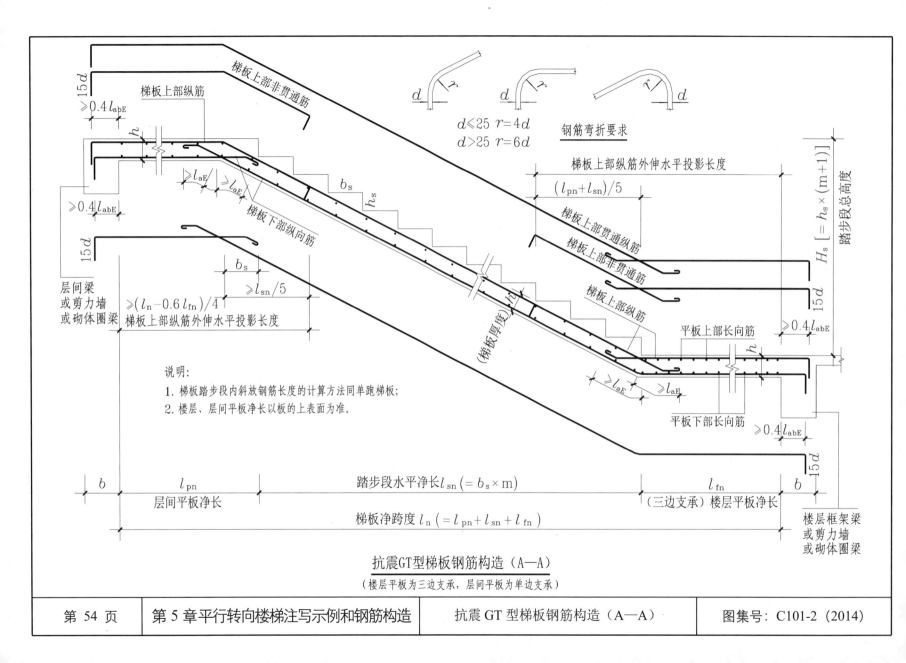

钢筋弯折要求

$d \leqslant 25 \quad r=4d$
$d>25 \quad r=6d$

梯板上部纵筋外伸水平投影长度
$(l_{pn}+l_{sn})/5$

梯板上部贯通纵筋

梯板上部非贯通筋

梯板上部纵筋

平板上部长向筋

平板下部长向筋

梯板上部非贯通筋

梯板上部纵筋

梯板上部纵筋外伸水平投影长度
$\geqslant(l_n-0.6l_{fn})/4$

梯板下部纵向筋

层间梁
或剪力墙
或砌体圈梁

说明:
1. 梯板踏步段内斜放钢筋长度的计算方法同单跑梯板;
2. 楼层、层间平板净长以板的上表面为准。

b | l_{pn} | 踏步段水平净长 $l_{sn}(=b_s \times m)$ | l_{fn} | b

层间平板净长

(三边支承) 楼层平板净长

梯板净跨度 $l_n(=l_{pn}+l_{sn}+l_{fn})$

楼层框架梁
或剪力墙
或砌体圈梁

$H_s\ [=h_s \times (m+1)]$ 踏步段总高度

抗震GT型梯板钢筋构造（A—A）
（楼层平板为三边支承，层间平板为单边支承）

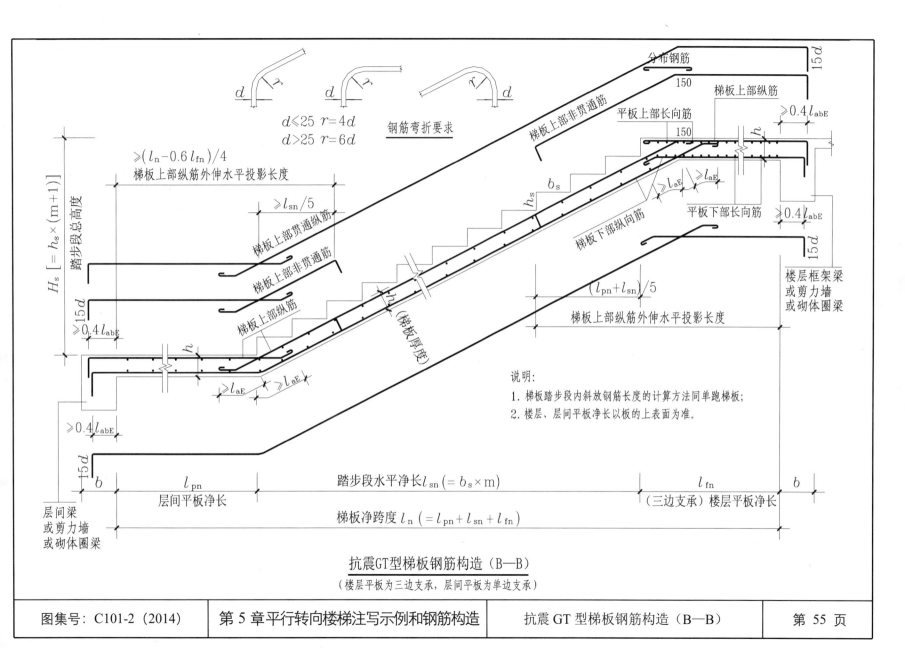

钢筋弯折要求

$d \leqslant 25$ $r=4d$
$d > 25$ $r=6d$

说明：
1. 梯板踏步段内斜放钢筋长度的计算方法同单跑梯板；
2. 楼层、层间平板净长以板的上表面为准。

踏步段总高度 $H_s [= h_s \times (m+1)]$

$\geqslant (l_n - 0.6 l_{fn})/4$
梯板上部纵筋外伸水平投影长度

$\geqslant l_{sn}/5$
梯板上部贯通纵筋

梯板上部非贯通筋

梯板上部纵筋

$\geqslant 0.4 l_{abE}$

$\geqslant l_{aE}$ $\geqslant l_{aE}$

h

$\geqslant 0.4 l_{abE}$

$15d$

b

层间梁或剪力墙或砌体圈梁

分布钢筋

$15d$

150

梯板上部非贯通筋

平板上部长向筋

梯板上部纵筋

150

b_s

h_s

h

$\geqslant 0.4 l_{abE}$

$\geqslant l_{aE}$ $\geqslant l_{aE}$

平板下部长向筋

$\geqslant 0.4 l_{abE}$

$15d$

楼层框架梁或剪力墙或砌体圈梁

梯板下部纵向筋

h（梯板厚度）

$(l_{pn} + l_{sn})/5$

梯板上部纵筋外伸水平投影长度

l_{pn}
层间平板净长

踏步段水平净长 $l_{sn} (= b_s \times m)$

l_{fn}
（三边支承）楼层平板净长

梯板净跨度 $l_n (= l_{pn} + l_{sn} + l_{fn})$

抗震GT型梯板钢筋构造（B—B）
（楼层平板为三边支承，层间平板为单边支承）

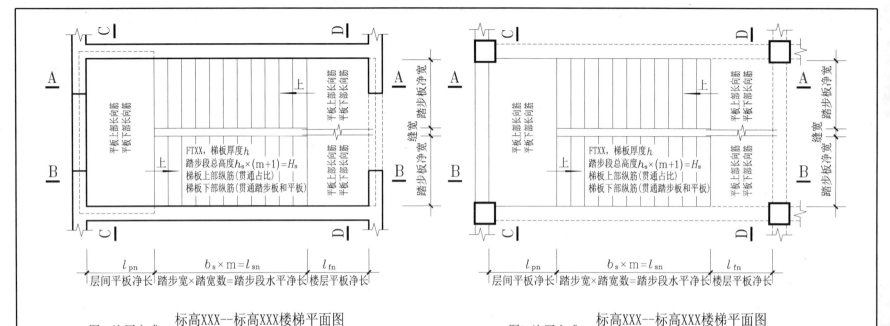

图1. 注写方式　　标高XXX--标高XXX楼梯平面图
梯板分布钢筋：XXXXXX

注：A-A、B-B见后两页。

图2. 注写方式　　标高XXX--标高XXX楼梯平面图
梯板分布钢筋：XXXXXX

说明：

1. HT型楼梯的适用条件为：(1) 楼梯间内不设置梯梁，矩形梯板由楼层平板、两跑踏步段与层间平板三部分构成；(2) 层间平板采用三边支承，另一边与踏步段的一端相连；楼层平板采用单边支承，对边与踏步段的另一端相连，另外两相对侧边为自由边；(3) 同一楼层内各平行踏步段的水平净长相等，总高度相等（即按分楼层高度）。凡是满足以上条件的可为HT型，如：双跑楼梯，双分平行楼梯等。

2. HT型楼梯平面注写方式如图1与图2所示。其中：集中注写的内容有8项：(1) 梯板类型代号与序号FTXX；(2) 梯板厚度 ；(3) 踏步段总高度 $H_s[=h_s \times (m+1)]$，式中 h_s 为踏步高，m+1为踏步数目；(4) 梯板上部纵筋（贯通占比），(5) 梯板下部纵筋（贯通踏步板和平板）；(6) 选注梯板分布筋（可统一注在图名的下方）；

(7) 平板上部长向筋（在平板上注写）；(8) 平板下部长向筋（在平板上注写）。注写方式示意图中的截面号为表达相应部位的通用构造截面详图所设，在具体平法楼梯结构施工图中不需绘制截面号及详图。

3. 楼梯平板与踏步的面层厚度不同时，踏高调整构造见第3章尾页。

4. 楼梯与扶手连接的钢预埋件位置与做法，以及梯板较厚需设置拉筋时，应由设计者注明。

5. 楼层与层间平板配筋截面图C-C、D-D见本章第76、77页。

6. HT型楼梯楼层平板的支承方式不适用于最高一跑，需参照FT型楼梯将最高一跑调整为三边支承，并采用相应的注写方式和钢筋构造。

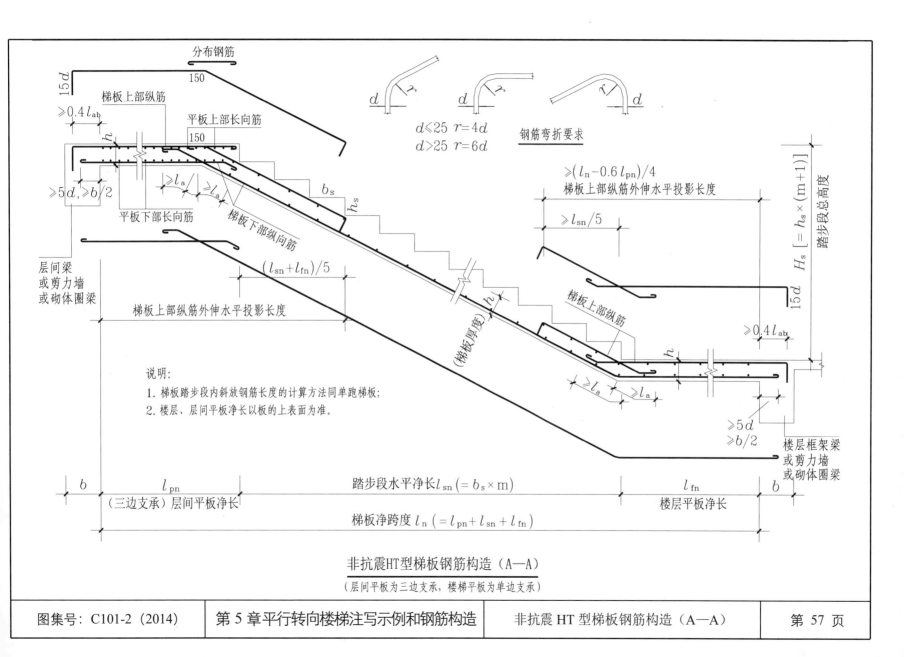

分布钢筋

150

15d

梯板上部纵筋

$\geq 0.4 l_{ab}$

平板上部长向筋

150

h

平板下部长向筋

$\geq 5d, \geq b/2$

$\geq l_a$ $\geq l_a$

梯板下部纵向筋

$d \leqslant 25$ $r = 4d$
$d > 25$ $r = 6d$

钢筋弯折要求

b_s

h_s

d d d

层间梁
或剪力墙
或砌体圈梁

$(l_{sn} + l_{fn})/5$

梯板上部纵筋外伸水平投影长度

$\geq (l_n - 0.6 l_{pn})/4$
梯板上部纵筋外伸水平投影长度

$\geq l_{sn}/5$

15d

$H_s [= h_s \times (m+1)]$ 踏步段总高度

梯板上部纵筋

$\geq 0.4 l_{ab}$

(梯板厚度)

h

说明：
1. 梯板踏步段内斜放钢筋长度的计算方法同单跑梯板；
2. 楼层、层间平板净长以板的上表面为准。

$\geq l_a$ $\geq l_a$

$\geq 5d$
$\geq b/2$

楼层框架梁
或剪力墙
或砌体圈梁

b l_{pn}
(三边支承)层间平板净长

踏步段水平净长 $l_{sn} (= b_s \times m)$

l_{fn}
楼层平板净长

b

梯板净跨度 $l_n (= l_{pn} + l_{sn} + l_{fn})$

非抗震HT型梯板钢筋构造（A—A）

（层间平板为三边支承，楼梯平板为单边支承）

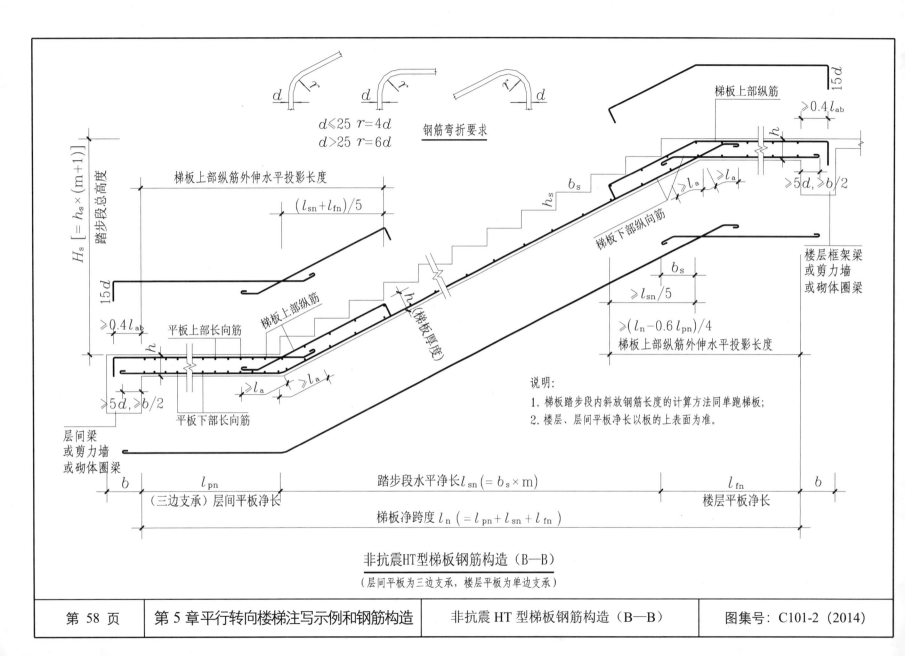

$d \leq 25 \quad r = 4d$
$d > 25 \quad r = 6d$

钢筋弯折要求

梯板上部纵筋

$\geq 0.4 l_{ab}$

$15d$

梯板上部纵筋外伸水平投影长度

$(l_{sn} + l_{fn})/5$

b_s

h_s

$\geq l_a$ $\geq l_a$

$>5d, \geq b/2$

梯板下部纵向筋

楼层框架梁
或剪力墙
或砌体圈梁

$15d$

梯板上部纵筋

h(梯板厚度)

平板上部长向筋

b_s

$\geq l_{sn}/5$

$\geq (l_n - 0.6 l_{pn})/4$

梯板上部纵筋外伸水平投影长度

$\geq 0.4 l_{ab}$

$\geq l_a$ $\geq l_a$

$>5d, \geq b/2$

平板下部长向筋

层间梁
或剪力墙
或砌体圈梁

说明:
1. 梯板踏步段内斜放钢筋长度的计算方法同单跑梯板;
2. 楼层、层间平板净长以板的上表面为准。

b

l_{pn}
(三边支承)层间平板净长

踏步段水平净长 $l_{sn} (= b_s \times m)$

l_{fn}
楼层平板净长

b

梯板净跨度 $l_n (= l_{pn} + l_{sn} + l_{fn})$

$H_s [= h_s \times (m+1)]$ 踏步段总高度

非抗震HT型梯板钢筋构造(B—B)

(层间平板为三边支承,楼层平板为单边支承)

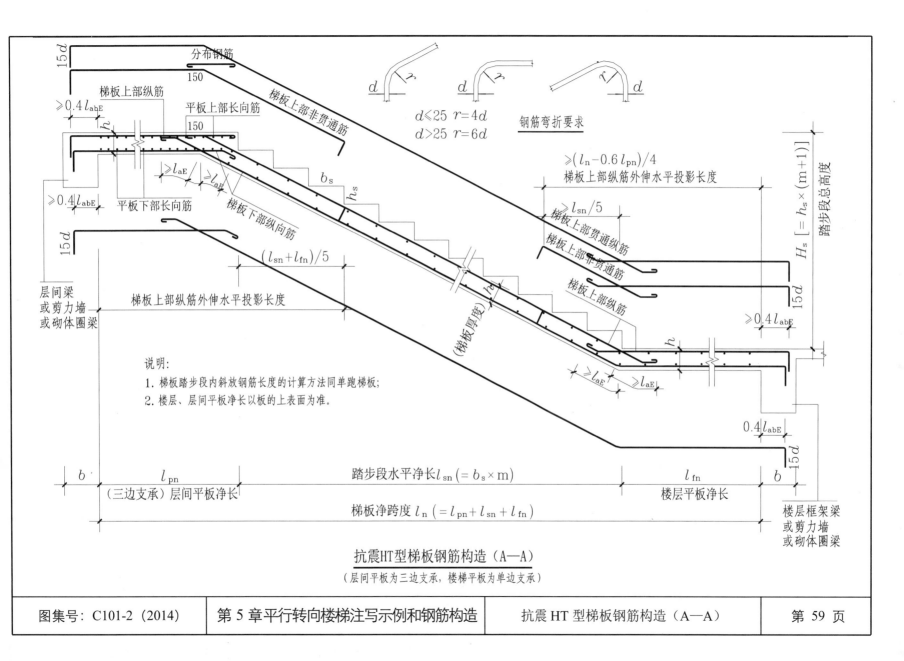

分布钢筋

梯板上部纵筋

平板上部长向筋

梯板上部非贯通筋

$\geqslant 0.4 l_{abE}$

h

$\geqslant l_{aE}$ $\geqslant l_{aE}$

b_s

h_s

$\geqslant 0.4 l_{abE}$

平板下部长向筋

梯板下部纵向筋

$d \leqslant 25$ $r = 4d$
$d > 25$ $r = 6d$

钢筋弯折要求

$\geqslant (l_n - 0.6 l_{pn})/4$
梯板上部纵筋外伸水平投影长度

$\geqslant l_{sn}/5$
梯板上部贯通纵筋

梯板上部非贯通筋

梯板上部纵筋

$\geqslant 0.4 l_{abE}$

$(l_{sn} + l_{fn})/5$

梯板上部纵筋外伸水平投影长度

h

$\geqslant l_{aE}$ $\geqslant l_{aE}$

$H_s [= h_s \times (m+1)]$ 踏步段总高度

$15d$

(梯板厚度)

层间梁
或剪力墙
或砌体圈梁

说明：
1. 梯板踏步段内斜放钢筋长度的计算方法同单跑梯板；
2. 楼层、层间平板净长以板的上表面为准。

b

l_{pn}

（三边支承）层间平板净长

踏步段水平净长 $l_{sn}(= b_s \times m)$

l_{fn}

楼层平板净长

b

$15d$

$0.4 l_{abE}$

$\geqslant l_{aE}$ $\geqslant l_{aE}$

梯板净跨度 $l_n (= l_{pn} + l_{sn} + l_{fn})$

楼层框架梁
或剪力墙
或砌体圈梁

抗震HT型梯板钢筋构造（A—A）

（层间平板为三边支承，楼梯平板为单边支承）

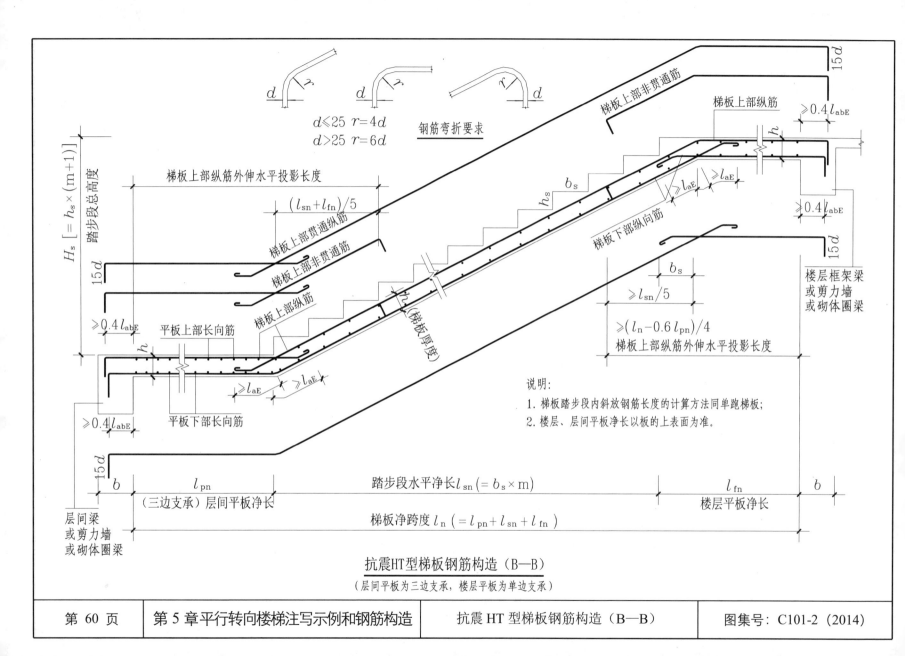

钢筋弯折要求

$d \leqslant 25 \quad r=4d$
$d>25 \quad r=6d$

梯板上部非贯通筋

梯板上部纵筋

$\geqslant 0.4 l_{\text{abE}}$

$15d$

梯板上部纵筋外伸水平投影长度

$(l_{\text{sn}}+l_{\text{fn}})/5$

梯板上部贯通筋

梯板上部非贯通筋

$\geqslant 0.4 l_{\text{abE}}$

$15d$

梯板下部纵向筋

$\geqslant l_{\text{aE}}$ $\geqslant l_{\text{aE}}$

b_{s}

h_{s}

b_{s}

梯板上部纵筋

h_{n}(梯板厚度)

楼层框架梁
或剪力墙
或砌体圈梁

$15d$

$\geqslant l_{\text{sn}}/5$

b_{s}

$\geqslant (l_{\text{n}}-0.6 l_{\text{pn}})/4$
梯板上部纵筋外伸水平投影长度

$H_{\text{s}} [=h_{\text{s}} \times (m+1)]$
踏步段总高度

$15d$

$\geqslant 0.4 l_{\text{abE}}$

平板上部长向筋

h

$\geqslant 0.4 l_{\text{abE}}$

平板下部长向筋

$\geqslant l_{\text{aE}}$ $\geqslant l_{\text{aE}}$

说明:
1. 梯板踏步段内斜放钢筋长度的计算方法同单跑梯板;
2. 楼层、层间平板净长以板的上表面为准。

$15d$

b

l_{pn}
(三边支承)层间平板净长

踏步段水平净长 $l_{\text{sn}}(=b_{\text{s}} \times m)$

l_{fn}
楼层平板净长

b

层间梁
或剪力墙
或砌体圈梁

梯板净跨度 $l_{\text{n}} (=l_{\text{pn}}+l_{\text{sn}}+l_{\text{fn}})$

抗震HT型梯板钢筋构造(B—B)
(层间平板为三边支承,楼层平板为单边支承)

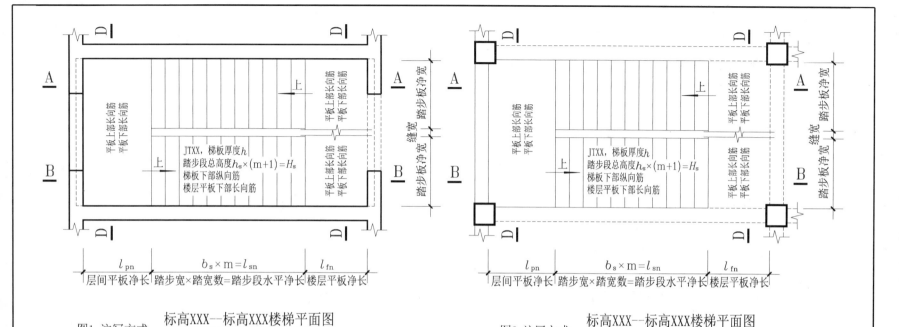

图1.注写方式　<u>标高XXX--标高XXX楼梯平面图</u>

梯板分布钢筋：XXXXXX

注：A-A、B-B见后两页。

图2.注写方式　<u>标高XXX--标高XXX楼梯平面图</u>

梯板分布钢筋：XXXXXX

说明：

1. JT型楼梯的适用条件为：(1)楼梯间内不设置梯梁，矩形梯板由楼层平板、两跑踏步段与层间平板三部分构成；(2)层间平板、楼层平板均采用单边支承，对边分别与踏步段的一端相连，另外两相对侧边为自由边；(3)同一楼层内各踏步段的水平净长相等，总高度相等(即等分楼层高度)。凡是满足以上条件的可为JT型，如：双跑楼梯，双分楼梯等。

2. JT型楼梯平面注写方式如图1与图2所示。其中：集中注写的内容有8项：(1)梯板类型代号与序号FTXX；(2)梯板厚度 ；(3)踏步段总高度 $H_s[=h_s×(m+1)]$，式中 h_s 为踏步高，m+1为踏步数目；(4)梯板上部纵筋(贯通占比)，(5)梯板下部纵筋(贯通踏步板和平板)；(6)选注梯板分布筋(可统一注写在图名的下方)；

(7)平板上部长向筋(在平板上注写)；(8)平板下部长向筋(在平板上注写)。注写方式示意图中的截面号为表达相应部位的通用构造截面详图所设，在具体平法楼梯结构施工图中不需绘制截面号及详图。

3. 楼梯平板与踏步的面层厚度不同时，踏高调整构造见第3章尾页。

4. 楼梯与扶手连接的钢预埋件位置与做法，以及梯板较厚需设置拉筋时，应由设计者注明。

5. 楼层与层间平板配筋截面图D-D见本章第76、77页。

6. JT型楼梯楼层平板的支承方式不适用于最高一跑，需参照FT型楼梯将最高一跑调整为三边支承，并采用相应的注写方式和钢筋构造。

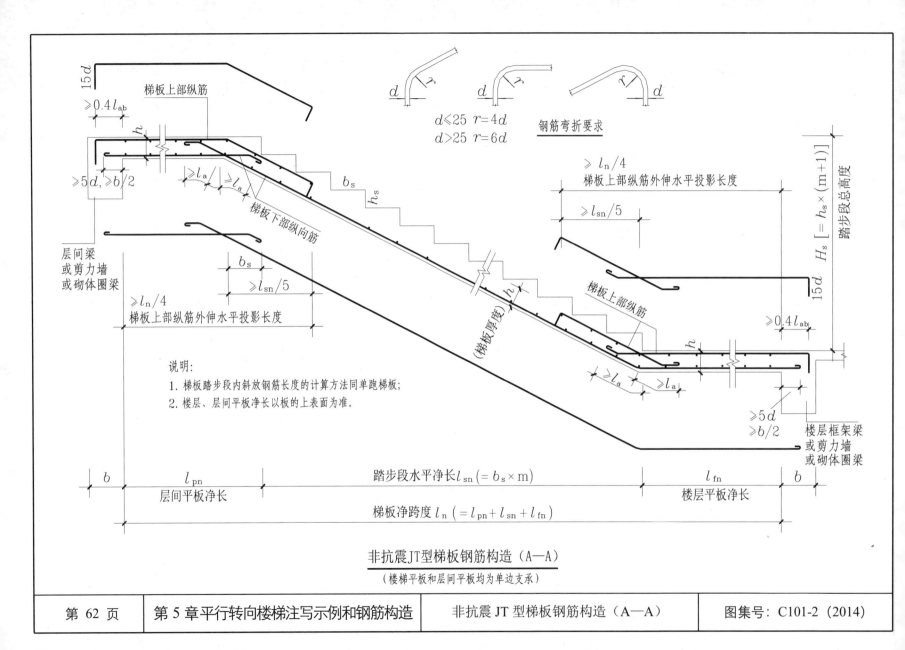

$d \leq 25 \quad r=4d$
$d>25 \quad r=6d$

钢筋弯折要求

梯板上部纵筋

$\geq 0.4 l_{ab}$

$\geq 5d, \geq b/2$

梯板下部纵向筋

层间梁
或剪力墙
或砌体圈梁

$\geq l_n/4$
梯板上部纵筋外伸水平投影长度

b_s
$\geq l_{sn}/5$

说明:
1. 梯板踏步段内斜放钢筋长度的计算方法同单跑梯板;
2. 楼层、层间平板净长以板的上表面为准。

$\geq l_n/4$
梯板上部纵筋外伸水平投影长度

b_s
h_s

$\geq l_n/4$
梯板上部纵筋外伸水平投影长度

$\geq l_{sn}/5$

(梯板厚度)

梯板上部纵筋

$15d$

$H_s [= h_s \times (m+1)]$
踏步段总高度

$\geq 0.4 l_{ab}$

$\geq 5d$
$\geq b/2$
楼层框架梁
或剪力墙
或砌体圈梁

b	l_{pn}	踏步段水平净长 $l_{sn}(= b_s \times m)$	l_{fn}	b
	层间平板净长		楼层平板净长	

梯板净跨度 l_n ($= l_{pn} + l_{sn} + l_{fn}$)

非抗震JT型梯板钢筋构造（A—A）
（楼梯平板和层间平板均为单边支承）

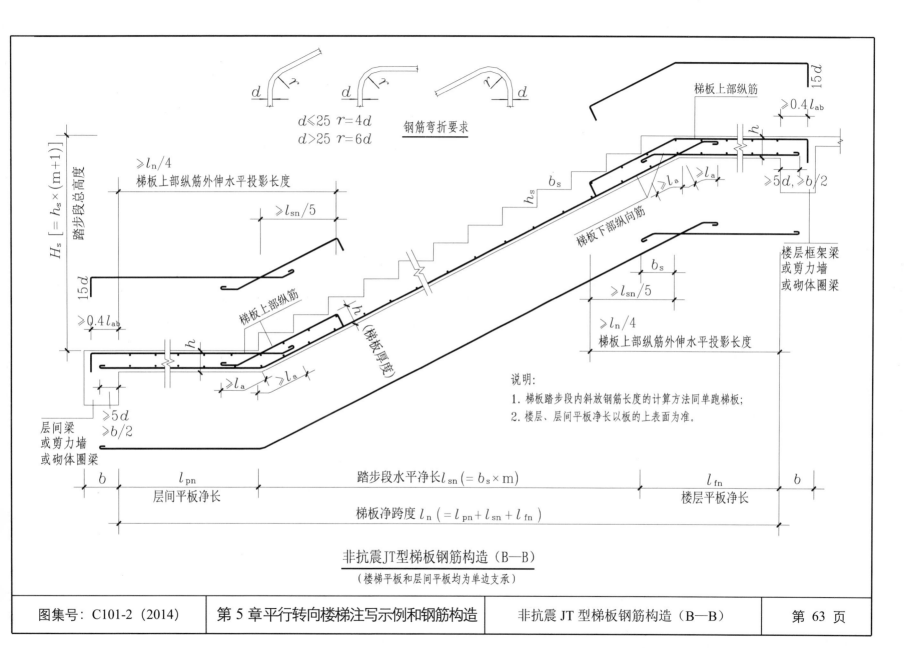

钢筋弯折要求

$d \leqslant 25 \quad r = 4d$
$d > 25 \quad r = 6d$

$H_s \, [= h_s \times (m+1)]$ 踏步段总高度

$\geqslant l_n/4$
梯板上部纵筋外伸水平投影长度

$\geqslant l_{sn}/5$

$15d$

$\geqslant 0.4 l_{ab}$

h

梯板上部纵筋

$\geqslant l_a \quad \geqslant l_a$

$\geqslant 5d$
$\geqslant b/2$

层间梁
或剪力墙
或砌体圈梁

$15d$

$\geqslant 0.4 l_{ab}$

b_s

h_s

h(梯板厚度)

梯板下部纵向筋

梯板上部纵筋

$\geqslant l_a \quad \geqslant l_a$

$\geqslant 5d, \geqslant b/2$

楼层框架梁
或剪力墙
或砌体圈梁

b_s

$\geqslant l_{sn}/5$

$\geqslant l_n/4$
梯板上部纵筋外伸水平投影长度

说明:
1. 梯板踏步段内斜放钢筋长度的计算方法同单跑梯板;
2. 楼层、层间平板净长以板的上表面为准。

b

l_{pn}
层间平板净长

踏步段水平净长 $l_{sn}(= b_s \times m)$

l_{fn}
楼层平板净长

b

梯板净跨度 $l_n \, (= l_{pn} + l_{sn} + l_{fn})$

非抗震JT型梯板钢筋构造（B—B）

（楼梯平板和层间平板均为单边支承）

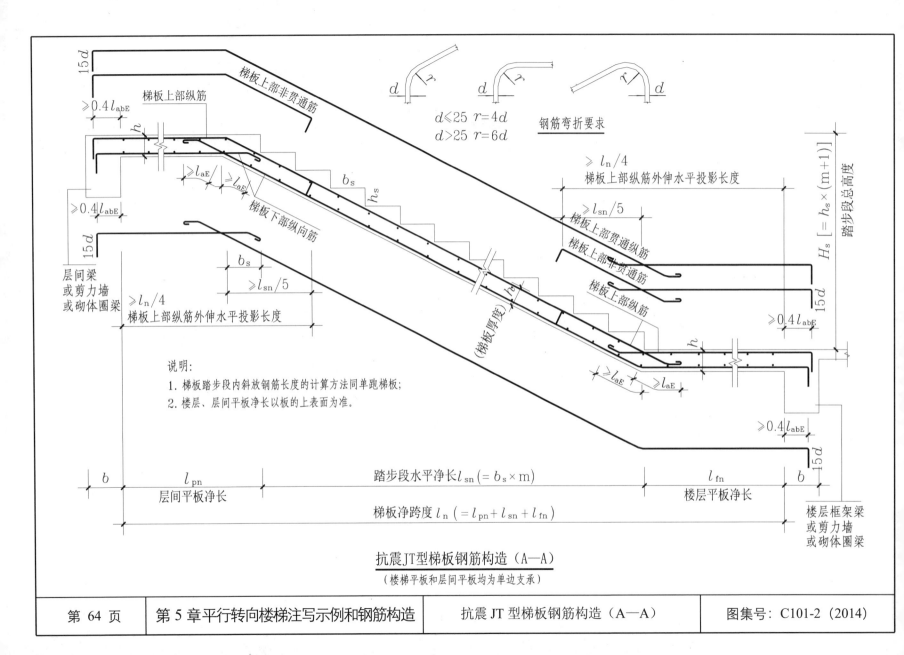

说明:
1. 梯板踏步段内斜放钢筋长度的计算方法同单跑梯板；
2. 楼层、层间平板净长以板的上表面为准。

钢筋弯折要求

$d \leqslant 25 \quad r = 4d$
$d > 25 \quad r = 6d$

梯板上部非贯通筋

梯板上部纵筋

梯板下部纵向筋

$\geqslant l_n/4$
梯板上部纵筋外伸水平投影长度

$\geqslant l_{sn}/5$
梯板上部贯通纵筋

梯板上部非贯通筋

梯板上部纵筋

层间梁
或剪力墙
或砌体圈梁

$\geqslant l_n/4$
梯板上部纵筋外伸水平投影长度

$H_s \left[= h_s \times (m+1) \right]$ 踏步段总高度

b l_{pn}
层间平板净长

踏步段水平净长 $l_{sn} (= b_s \times m)$

l_{fn}
楼层平板净长

b

梯板净跨度 $l_n \ (= l_{pn} + l_{sn} + l_{fn})$

楼层框架梁
或剪力墙
或砌体圈梁

抗震JT型梯板钢筋构造（A—A）

（楼梯平板和层间平板均为单边支承）

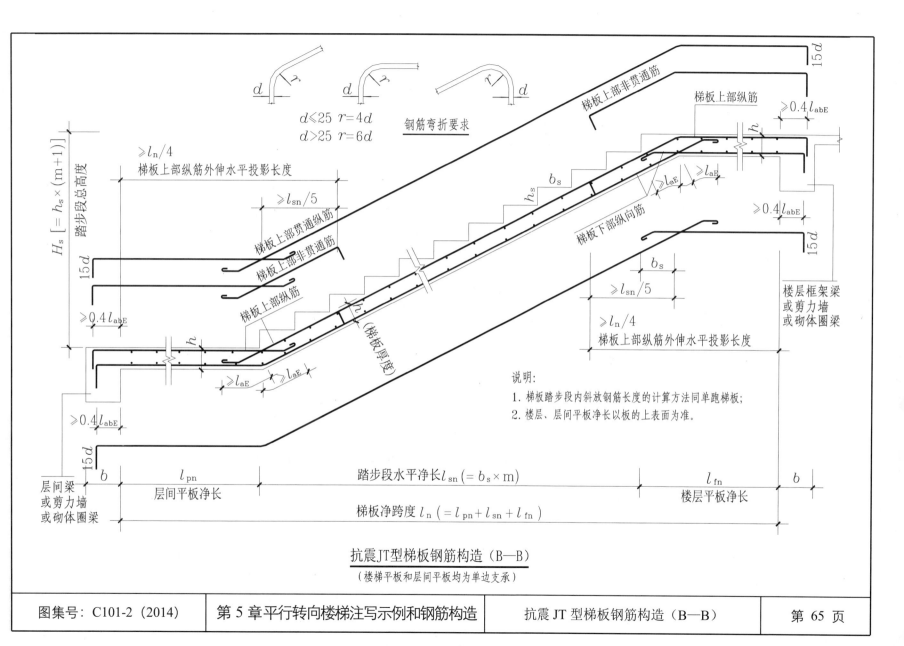

$d \leq 25 \quad r = 4d$
$d > 25 \quad r = 6d$

钢筋弯折要求

$H_s \left[= h_s \times (m+1) \right]$ 踏步段总高度

$\geq l_n/4$
梯板上部纵筋外伸水平投影长度

$\geq l_{sn}/5$

梯板上部贯通纵筋

梯板上部非贯通筋

梯板上部纵筋

$15d$

$\geq 0.4 l_{abE}$

h

$\geq l_{aE}$

$\geq l_{aE}$

$\geq 0.4 l_{abE}$

$15d$

梯板上部非贯通筋

梯板上部纵筋

$\geq 0.4 l_{abE}$

h

h_s

b_s

梯板下部纵向筋

$\geq l_{aE}$

$\geq l_{aE}$

$\geq 0.4 l_{abE}$

$15d$

$\geq l_{sn}/5$

b_s

$\geq l_n/4$
梯板上部纵筋外伸水平投影长度

楼层框架梁
或剪力墙
或砌体圈梁

(梯板厚度)

说明:
1. 梯板踏步段内斜放钢筋长度的计算方法同单跑梯板;
2. 楼层、层间平板净长以板的上表面为准。

$15d$

层间梁
或剪力墙
或砌体圈梁

b

l_{pn}
层间平板净长

踏步段水平净长 l_{sn} $(= b_s \times m)$

l_{fn}
楼层平板净长

b

梯板净跨度 l_n $(= l_{pn} + l_{sn} + l_{fn})$

抗震JT型梯板钢筋构造（B—B）
（楼梯平板和层间平板均为单边支承）

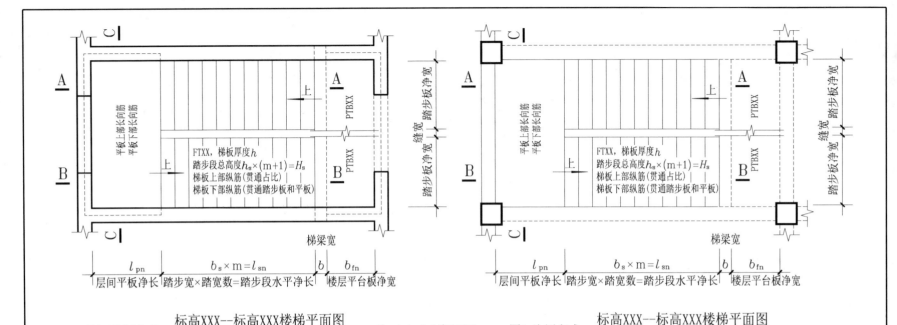

图1.注写方式　　<u>标高XXX--标高XXX楼梯平面图</u>　　注：A-A、B-B见后两页。　　图2.注写方式　　<u>标高XXX--标高XXX楼梯平面图</u>
　　　　　　　　　梯板分布钢筋：XXXXXX　　　　　　　　　　　　　　　　　　　　　　　　　　　　　　梯板分布钢筋：XXXXXX

说明：

1. KT型楼梯的适用条件为：(1)楼梯间设置楼层梯梁，但不设置层间梯梁；矩形梯板由两跑踏步段与层间平板两部构成；(2)层间平板采用三边支承，另一边与踏步段的一端相连，踏步段的另一端以楼层梯梁为支座；(3)同一楼层内各踏步段的水平净长相等，总高度相等（即等分楼层高度）。凡是满足以上要求的可为KT型，如：双跑楼梯，双分楼梯等。

2. KT型楼梯平面注写方式如图1与图2所示。其中：集中注写的内容有8项：(1)梯板类型代号与序号FTXX；(2)梯板厚度　；(3)踏步段总高度 $H_s[=h_s×(m+1)]$，式中 h_s 为踏步高，m+1为踏步数目；(4)梯板上部纵筋（贯通占比），(5)梯板下部纵筋（贯通踏步板和平板）；(6)选注梯板分布筋（可统一注写在图名的下方）；

(7)平板上部长向筋（在平板上注写）；(8)平板下部长向筋（在平板上注写）。注写方式示意图中的截面号为表达相应部位的通用构造截面详图所设，在具体平法楼梯结构施工图中不需绘制截面号及详图。

3. 楼梯平板与踏步的面层厚度不同时，踏高调整构造见第3章尾页。

4. 楼梯与扶手连接的钢预埋件位置与做法，以及梯板较厚需设置拉筋时，应由设计者注明。

5. 层间平板配筋截面图C-C见本章第76、77页；楼层平台板见第7章。

6. HT型楼梯楼层平板的支承方式不适用于最高一跑，需参照FT型楼梯将最高一跑调整为三边支承，并采用相应的注写方式和钢筋构造。

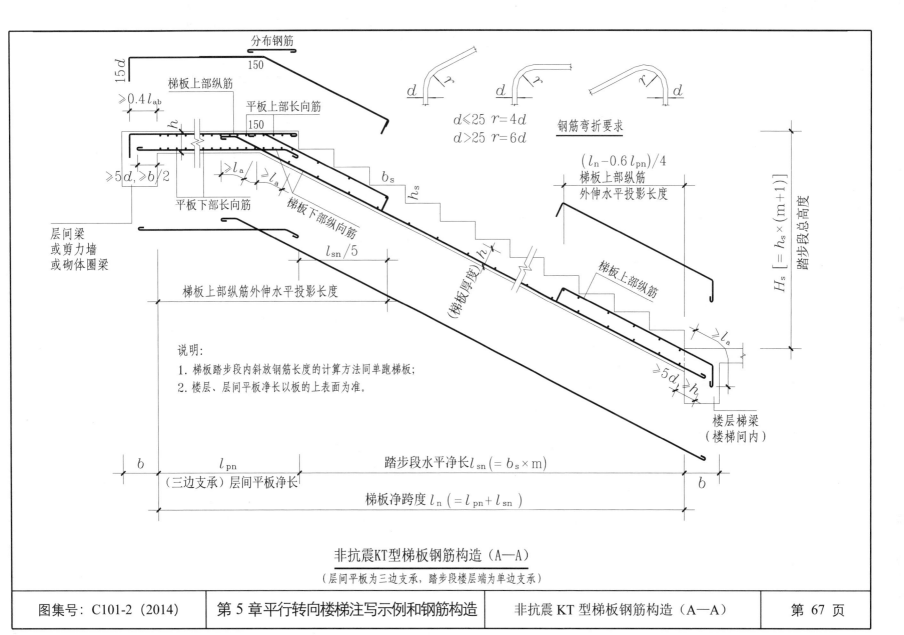

非抗震KT型梯板钢筋构造（A—A）

（层间平板为三边支承，踏步段楼层端为单边支承）

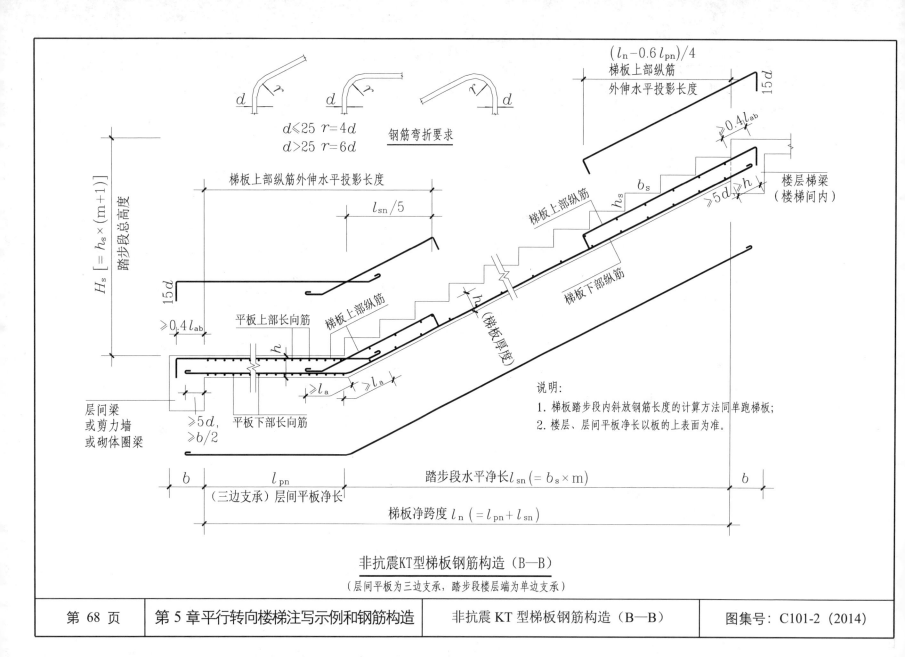

钢筋弯折要求

$d \leqslant 25 \quad r = 4d$
$d > 25 \quad r = 6d$

$(l_n - 0.6\,l_{pn})/4$
梯板上部纵筋
外伸水平投影长度

$15d$

$\geqslant 0.4\,l_{ab}$

b_s

h_s

$\geqslant 5d$,$\geqslant h$

楼层梯梁
（楼梯间内）

梯板上部纵筋

梯板上部纵筋外伸水平投影长度

$l_{sn}/5$

$H_s \left[= h_s \times (m+1) \right]$ 踏步段总高度

$15d$

$\geqslant 0.4\,l_{ab}$

平板上部长向筋

梯板上部纵筋

h

h（梯板厚度）

梯板下部纵筋

层间梁
或剪力墙
或砌体圈梁

$\geqslant 5d$,
$\geqslant b/2$

平板下部长向筋

$\geqslant l_a$ $\geqslant l_a$

说明：
1. 梯板踏步段内斜放钢筋长度的计算方法同单跑梯板；
2. 楼层、层间平板净长以板的上表面为准。

b

l_{pn}
（三边支承）层间平板净长

踏步段水平净长 $l_{sn}\,(= b_s \times m)$

b

梯板净跨度 $l_n\,(= l_{pn} + l_{sn})$

非抗震KT型梯板钢筋构造（B—B）

（层间平板为三边支承，踏步段楼层端为单边支承）

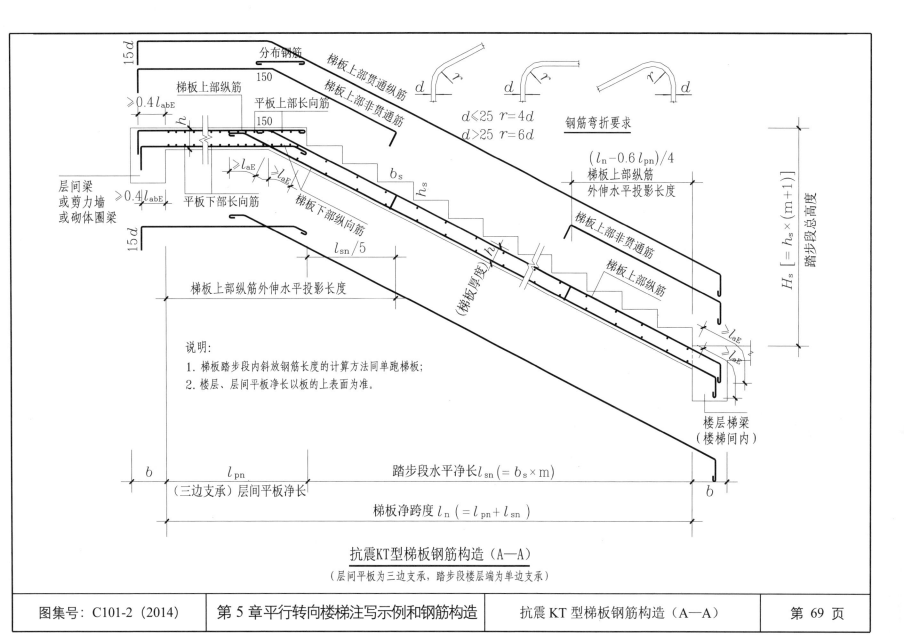

说明:
1. 梯板踏步段内斜放钢筋长度的计算方法同单跑梯板;
2. 楼层、层间平板净长以板的上表面为准。

钢筋弯折要求

$d \leqslant 25 \quad r = 4d$
$d > 25 \quad r = 6d$

抗震KT型梯板钢筋构造（A—A）

（层间平板为三边支承，踏步段楼层端为单边支承）

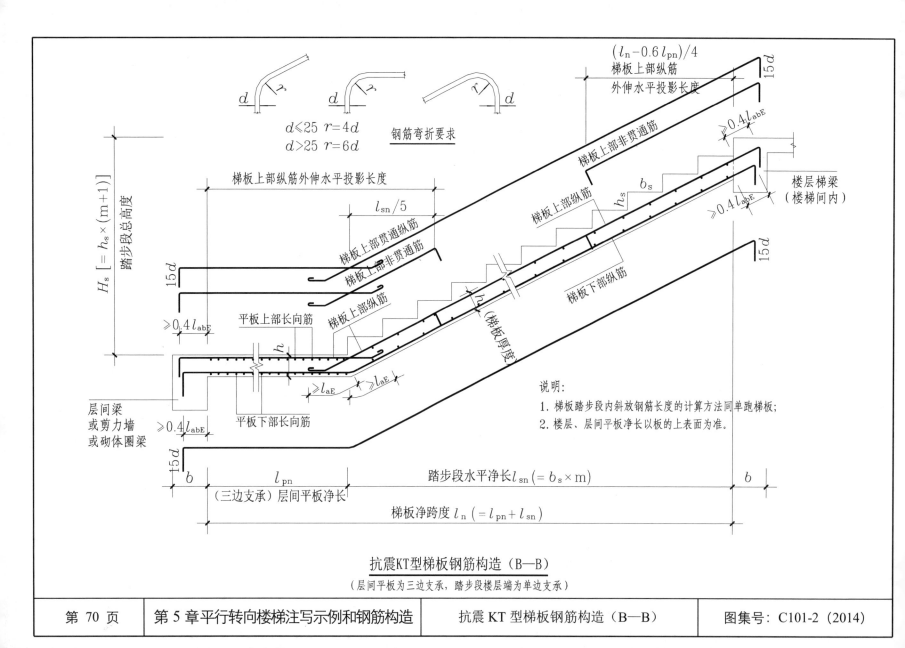

$(l_n-0.6\,l_{pn})/4$
梯板上部纵筋
外伸水平投影长度

$15d$

钢筋弯折要求

$d \leqslant 25 \quad r=4d$
$d > 25 \quad r=6d$

梯板上部非贯通筋

$\geqslant 0.4\,l_{abE}$

楼层梯梁
（楼梯间内）

梯板上部纵筋外伸水平投影长度

$l_{sn}/5$

梯板上部贯通纵筋

梯板上部非贯通筋

梯板上部纵筋

b_s

h_s

$\geqslant 0.4\,l_{abE}$

$15d$

$15d$

h_s（梯板厚度）

梯板上部纵筋

梯板下部纵筋

平板上部长向筋

$\geqslant 0.4\,l_{abE}$

h

$\geqslant l_{aE}$ $\geqslant l_{aE}$

说明：
1. 梯板踏步段内斜放钢筋长度的计算方法同单跑梯板；
2. 楼层、层间平板净长以板的上表面为准。

层间梁
或剪力墙
或砌体圈梁

$\geqslant 0.4\,l_{abE}$

平板下部长向筋

$15d$

b

l_{pn}
（三边支承）层间平板净长

踏步段水平净长 $l_{sn}(=b_s \times m)$

b

梯板净跨度 $l_n\ (=l_{pn}+l_{sn})$

$H_s\ [=h_s \times (m+1)]$ 踏步段总高度

抗震KT型梯板钢筋构造（B—B）
（层间平板为三边支承，踏步段楼层端为单边支承）

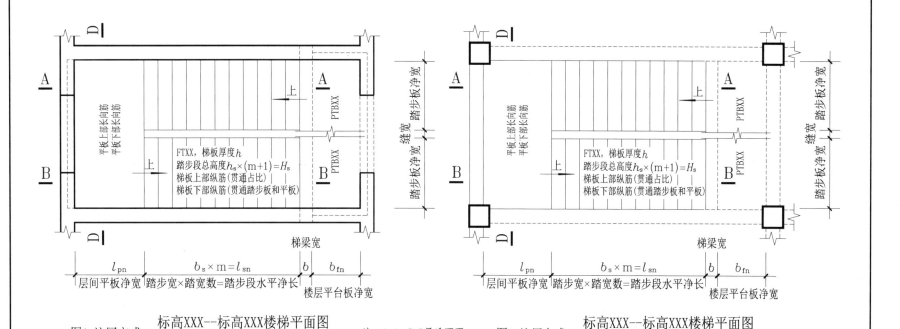

图1.注写方式　**标高XXX--标高XXX楼梯平面图**
梯板分布钢筋：XXXXXX
注：A-A、B-B见后两页。

图2.注写方式　**标高XXX--标高XXX楼梯平面图**
梯板分布钢筋：XXXXXX

说明：

1. LT型楼梯的适用条件为：(1)楼梯间内设置楼层梯梁，但不设置层间梯梁，矩形梯板由两跑踏步段与层间平板两部分构成；(2)层间平板采用单边支承，对边与踏步段的一端相连，另外两相对侧边为自由边；踏步段的另一端以楼层梯梁为支座；(3)同一楼层内各踏步段的水平净长相等，总高度相等（即等分楼层高度）。凡是满足以上条件的可为LT型，如：双跑楼梯，双分楼梯等。

2. LT型楼梯平面注写方式如图1与图2所示。其中：集中注写的内容有8项：(1)梯板类型代号与序号FTXX；(2)梯板厚度　；(3)踏步段总高度 H_s [$=h_s\times(m+1)$]，式中 h_s 为踏步高，m+1为踏步数目；(4)梯板上部纵筋(贯通占比)，(5)梯板下部纵筋(贯通踏步板和平板)；(6)选注梯板分布筋(可统一注写在图名的下方)；(7)平板上部长向筋（在平板上注写）；(8)平板下部长向筋（在平板上注写）。注写方式示意图中的截面号为表达相应部位的通用构造截面详图所设，在具体平法楼梯结构施工图中不需绘制截面号及详图。

3. 楼梯平板与踏步的面层厚度不同时，踏高调整构造见第3章尾页。

4. 楼梯与扶手连接的钢预埋件位置与做法，以及梯板较厚需设置拉筋时，应由设计者注明。

5. 层间平板配筋截面图D-D见本章第76、77页；楼层平台板见第7章。

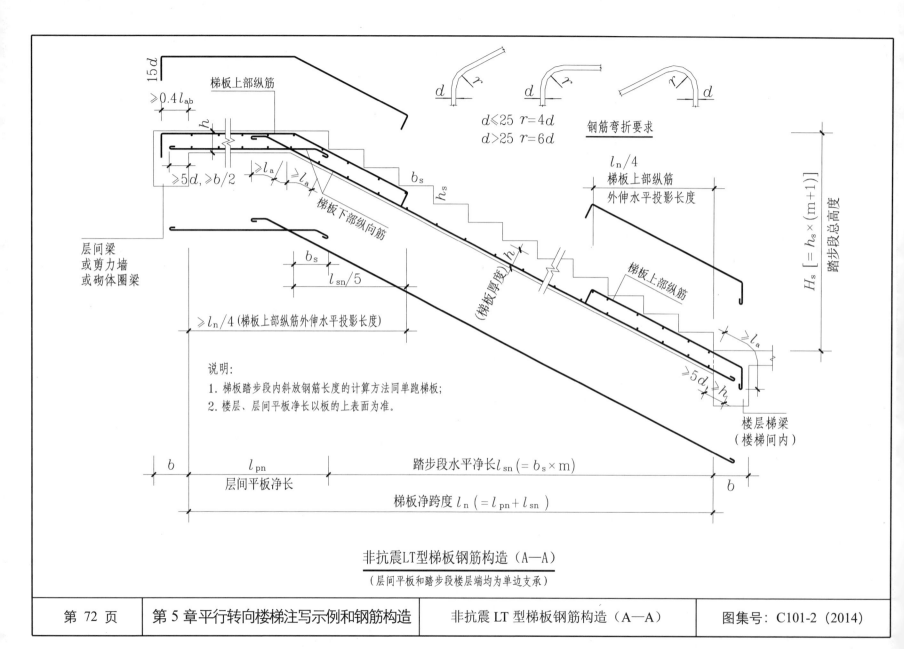

说明:
1. 梯板踏步段内斜放钢筋长度的计算方法同单跑梯板;
2. 楼层、层间平板净长以板的上表面为准。

钢筋弯折要求

$d \leqslant 25 \quad r = 4d$
$d > 25 \quad r = 6d$

梯板上部纵筋
梯板下部纵向筋
层间梁或剪力墙或砌体圈梁
$l_n/4$ 梯板上部纵筋外伸水平投影长度
梯板上部纵筋
$\geqslant l_n/4$ (梯板上部纵筋外伸水平投影长度)
(梯板厚度)
楼层梯梁（楼梯间内）

$H_s [= h_s \times (m+1)]$ 踏步段总高度

踏步段水平净长 $l_{sn} (= b_s \times m)$
层间平板净长 l_{pn}
梯板净跨度 $l_n (= l_{pn} + l_{sn})$

非抗震LT型梯板钢筋构造（A—A）
（层间平板和踏步段楼层端均为单边支承）

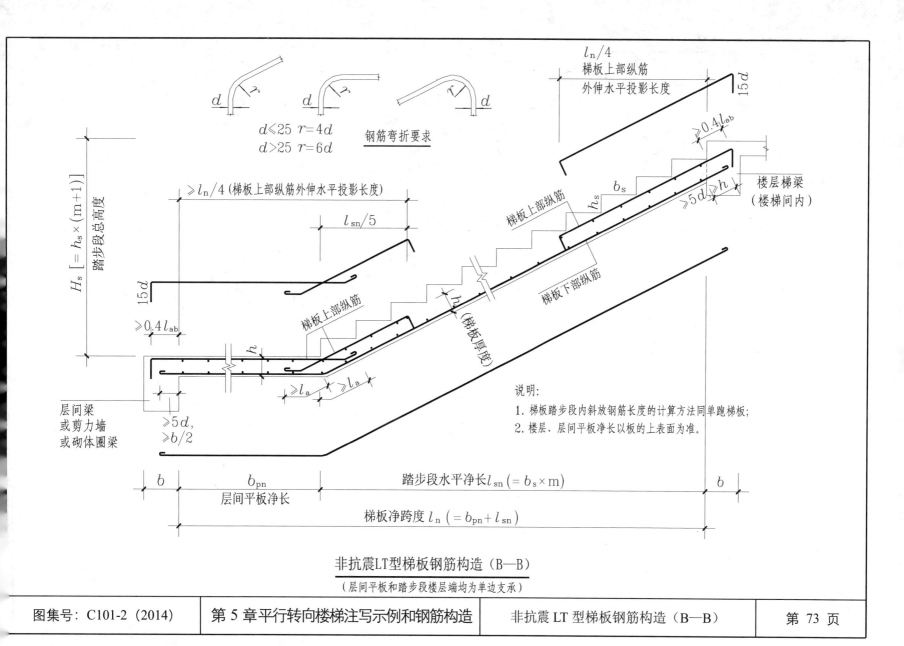

钢筋弯折要求
$d \leqslant 25 \quad r=4d$
$d > 25 \quad r=6d$

$\geqslant l_n/4$（梯板上部纵筋外伸水平投影长度）

$l_{sn}/5$

$l_n/4$
梯板上部纵筋
外伸水平投影长度

$15d$

$\geqslant 0.4l_{ab}$

梯板上部纵筋

h_s

b_s

$\geqslant 5d \geqslant h$

楼层梯梁
（楼梯间内）

梯板上部纵筋

梯板下部纵筋

$H_s [= h_s \times (m+1)]$ 踏步段总高度

$15d$

$\geqslant 0.4l_{ab}$

h

h（梯板厚度）

$\geqslant l_a$ $\geqslant l_a$

层间梁
或剪力墙
或砌体圈梁

$\geqslant 5d,$
$\geqslant b/2$

说明：
1. 梯板踏步段内斜放钢筋长度的计算方法同单跑梯板；
2. 楼层、层间平板净长以板的上表面为准。

b

b_{pn}
层间平板净长

踏步段水平净长$l_{sn}(= b_s \times m)$

b

梯板净跨度$l_n (= b_{pn} + l_{sn})$

非抗震LT型梯板钢筋构造（B—B）
（层间平板和踏步段楼层端均为单边支承）

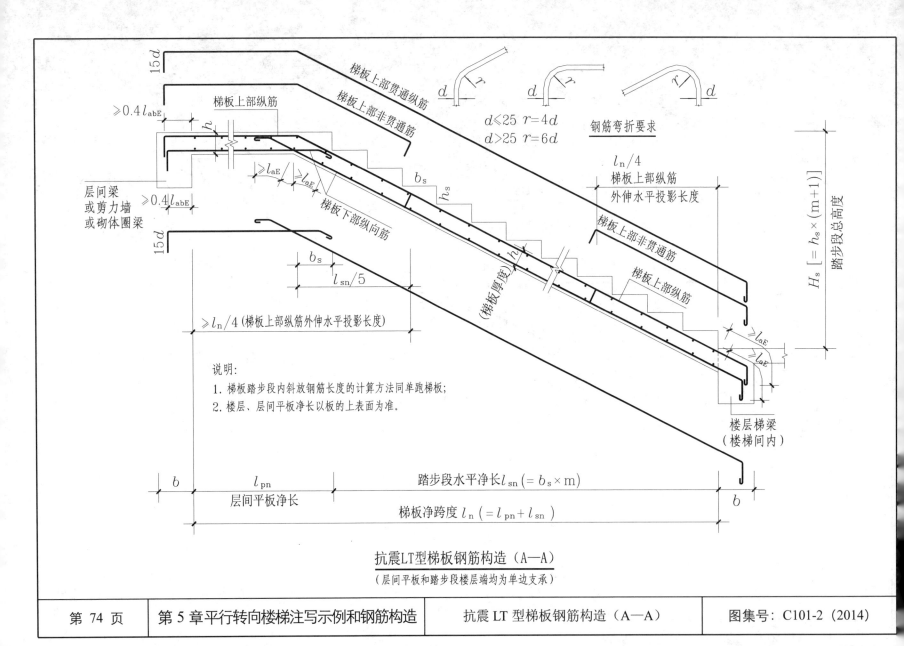

钢筋弯折要求

$d \leqslant 25 \quad r = 4d$
$d > 25 \quad r = 6d$

梯板上部贯通纵筋
梯板上部非贯通筋
梯板上部纵筋
$\geqslant 0.4 l_{abE}$
层间梁
或剪力墙
或砌体圈梁
梯板上部纵筋
梯板下部纵向筋
梯板上部纵筋外伸水平投影长度
$l_n/4$
梯板上部非贯通筋
梯板上部纵筋

$H_s\left[=h_s \times (m+1)\right]$ 踏步段总高度

b_s
h_s
$\geqslant l_{aE}$
(梯板厚度) h
$\geqslant l_{aE}$

$\geqslant 0.4 l_{abE}$
$\geqslant l_{aE}$ / $\geqslant l_{aE}$

b_s
$l_{sn}/5$
$\geqslant l_n/4$ (梯板上部纵筋外伸水平投影长度)

楼层梯梁
（楼梯间内）

说明：
1. 梯板踏步段内斜放钢筋长度的计算方法同单跑梯板；
2. 楼层、层间平板净长以板的上表面为准。

b
l_{pn}
层间平板净长
踏步段水平净长 $l_{sn}(= b_s \times m)$
b
梯板净跨度 $l_n\left(= l_{pn} + l_{sn}\right)$

抗震LT型梯板钢筋构造（A—A）
（层间平板和踏步段楼层端均为单边支承）

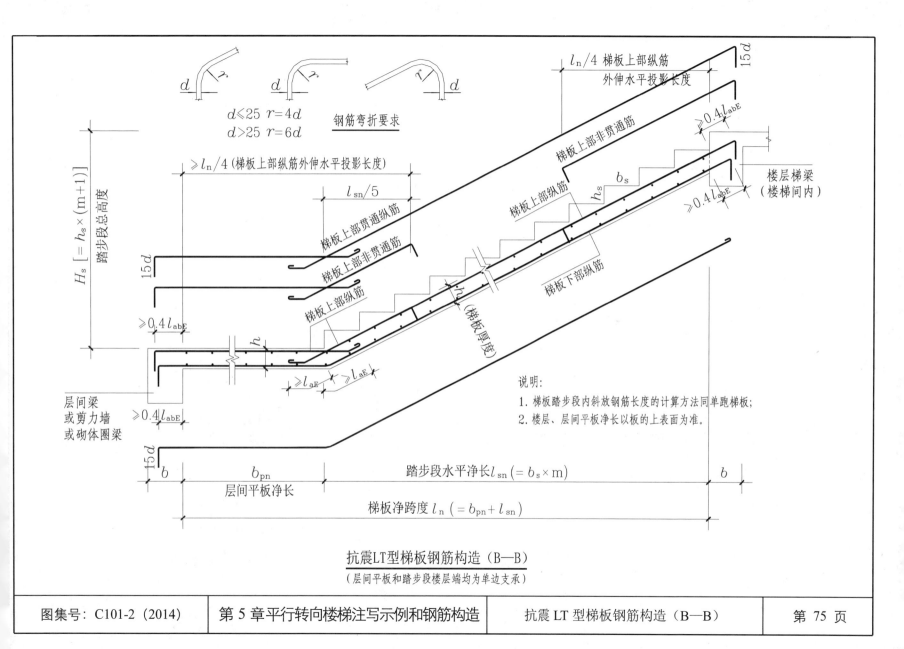

钢筋弯折要求

$d \leqslant 25$ $r = 4d$
$d > 25$ $r = 6d$

$l_n/4$ 梯板上部纵筋
外伸水平投影长度

$15d$

梯板上部非贯通筋

$\geqslant 0.4 l_{abE}$

楼层梯梁
（楼梯间内）

梯板上部纵筋

b_s

h_s

$\geqslant 0.4 l_{abE}$

$\geqslant l_n/4$（梯板上部纵筋外伸水平投影长度）

$l_{sn}/5$

梯板上部贯通纵筋

梯板上部非贯通筋

梯板上部纵筋

梯板下部纵筋

h_s（梯板厚度）

$H_s [= h_s \times (m+1)]$
踏步段总高度

$15d$

$\geqslant 0.4 l_{abE}$

h

$\geqslant l_{aE}$ $\geqslant l_{aE}$

层间梁
或剪力墙
或砌体圈梁

$\geqslant 0.4 l_{abE}$

$15d$

b

b_{pn}
层间平板净长

踏步段水平净长 $l_{sn} (= b_s \times m)$

b

梯板净跨度 $l_n (= b_{pn} + l_{sn})$

说明：
1. 梯板踏步段内斜放钢筋长度的计算方法同单跑梯板；
2. 楼层、层间平板净长以板的上表面为准。

抗震LT型梯板钢筋构造（B—B）
（层间平板和踏步段楼层端均为单边支承）

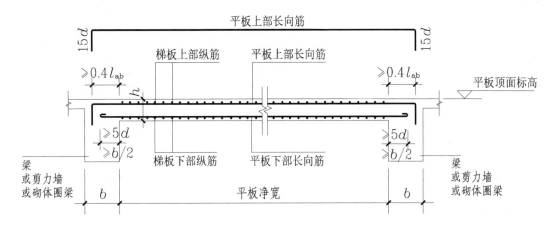

C-C（非抗震设计）

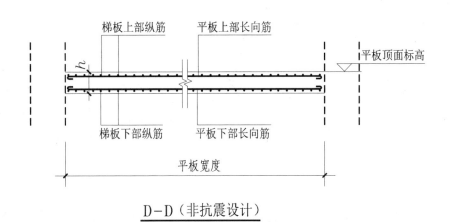

D-D（非抗震设计）

注：
1. C—C为FT、GT、HT、KT型楼梯平板的长
   向截面图；D—D为GT、HT、JT、LT型楼
   梯平板的长向截面图。
2. D—D截面设置的平板上部、下部长向筋，
   非抗震设计时可按分布钢筋配置，抗震
   设计时可按构造钢筋配置。
3. 当钢筋足强度锚固并采用不大于90度弯
   钩时，由于在弯钩$15d$位置无应力测出，
   因此弯钩端部不需再设置180度回头钩。

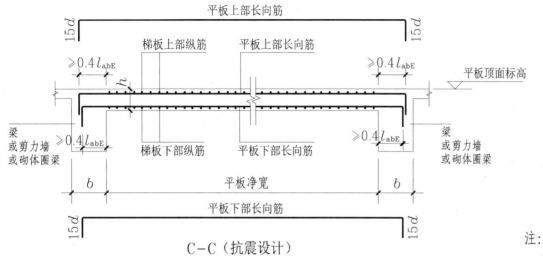

C—C（抗震设计）

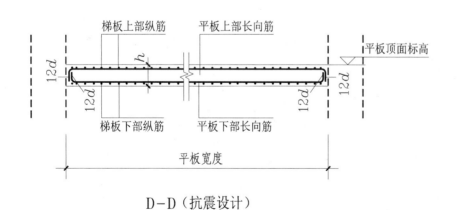

D—D（抗震设计）

注：
1. C—C为FT、GT、HT、KT型楼梯平板的长向截面图；D—D为GT、HT、JT、LT型楼梯平板的长向截面图。

2. D—D截面设置的平板上部、下部长向筋，非抗震设计时可按分布钢筋配置，抗震设计时可按构造钢筋配置。

3. 当钢筋足强度锚固并采用不大于90度弯钩时，由于在弯钩15d位置无应力测出，因此弯钩端部不需再设置180度回头钩。

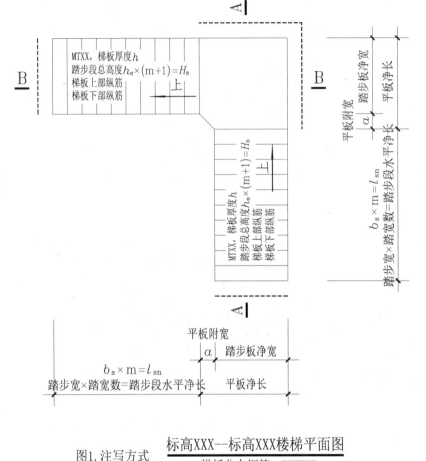

图1. 注写方式

标高XXX--标高XXX楼梯平面图

梯板分布钢筋：XXXXXX

注：A-A、B-B见后两页。

说明：

1. MT型楼梯的适用条件为：(1) 由两跑踏步段与直角转向平板构成；(2) 转向平板采用两直角边支承；(3) 踏步段一端与直角转向平板连接，另一端以梁为支座。凡满足以上条件者为MT型楼梯。

2. MT型楼梯平面注写方式如图1所示。其中：集中注写的内容有6项：(1) 梯板类型代号与序号MTXX；(2) 梯板厚度 h；(3) 踏步段总高度 H_s[$=h_s \times$ (m+1)]，式中 h_s 为踏步高，m+1 为踏步数；(4) 梯板上部纵筋；(5) 梯板下部纵筋；(6) 选注梯板分布筋（可统一注写在图名的下方）。注写方式示意图中的截面号为表达相应部位的通用构造截面详图所设，在具体平法楼梯结构施工图中不需绘制截面号及详图。

3. 楼梯平板与踏步的面层厚度不同时，踏高调整构造见第3章尾页。

4. 楼梯与扶手连接的钢预埋件位置与做法，以及梯板较厚需设置拉筋时，应由设计者注明。

5. 转向平板的上部与下部的双向筋，分别为两跑直角转向梯板的上部与下部纵筋，当其在平板部位交叉时，两向钢筋分层按在下一跑纵筋均在下，在上一跑纵筋均在上的分层方式。

6. MT型楼梯可不设平板附宽(即取 $\alpha = 0$)。当设置平板附宽时，根据建筑要求在阴角位置可做成45度斜角，也可做成圆角；斜角或圆角内应增设直径10mm，锚长12d的双向护角构造筋。

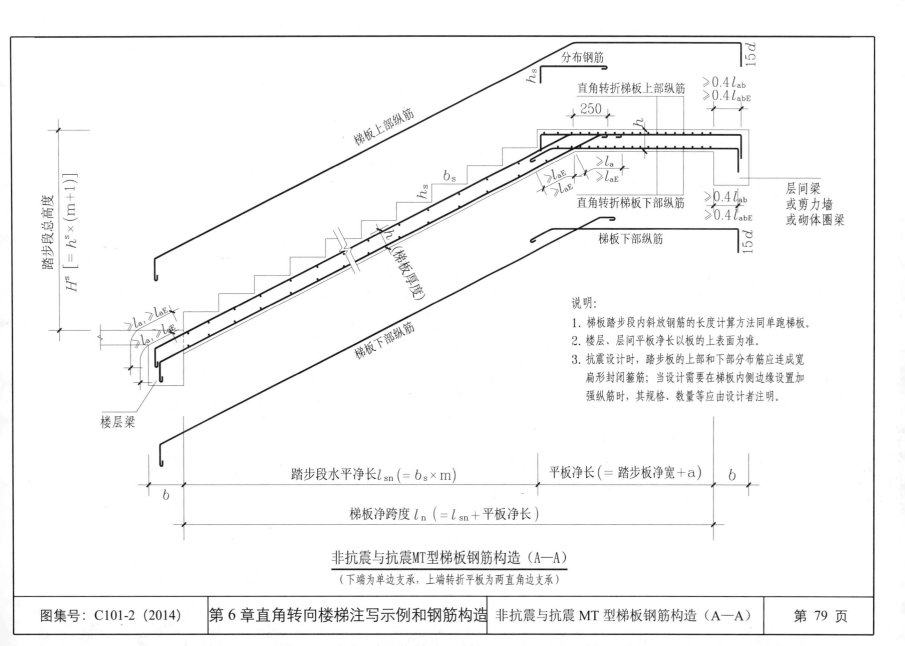

踏步段总高度 $H^s \left[= h^s \times (m+1) \right]$

分布钢筋

$15d$

直角转折梯板上部纵筋

$\geqslant 0.4 l_{ab}$
$\geqslant 0.4 l_{abE}$

250

梯板上部纵筋

h

b_s

h_s

$\geqslant l_{aE}$

$\geqslant l_a$
$\geqslant l_{aE}$

层间梁
或剪力墙
或砌体圈梁

h（梯板厚度）

$\geqslant l_a$
$\geqslant l_{aE}$

直角转折梯板下部纵筋

$\geqslant 0.4 l_{ab}$
$\geqslant 0.4 l_{abE}$

$15d$

梯板下部纵筋

梯板下部纵筋

$\geqslant l_a, \geqslant l_{aE}$
$\geqslant l_a, \geqslant l_{aE}$

楼层梁

说明：
1. 梯板踏步段内斜放钢筋的长度计算方法同单跑梯板。
2. 楼层、层间平板净长以板的上表面为准。
3. 抗震设计时，踏步板的上部和下部分布筋应连成宽
   扁形封闭箍筋；当设计需要在梯板内侧边缘设置加
   强纵筋时，其规格、数量等应由设计者注明。

踏步段水平净长 $l_{sn} (= b_s \times m)$

平板净长 $(=$ 踏步板净宽 $+ a)$

b

b

梯板净跨度 $l_n (= l_{sn} + $平板净长$)$

非抗震与抗震MT型梯板钢筋构造（A—A）

（下端为单边支承，上端转折平板为两直角边支承）

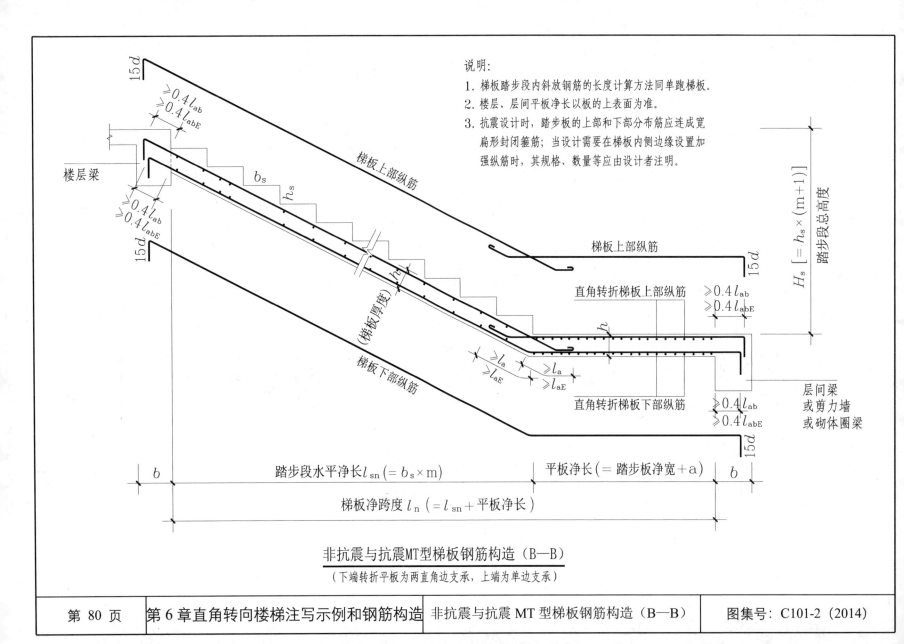

说明:
1. 梯板踏步段内斜放钢筋的长度计算方法同单跑梯板。
2. 楼层、层间平板净长以板的上表面为准。
3. 抗震设计时, 踏步板的上部和下部分布筋应连成宽扁形封闭箍筋; 当设计需要在梯板内侧边缘设置加强纵筋时, 其规格、数量等应由设计者注明。

楼层梁

梯板上部纵筋

梯板上部纵筋

直角转折梯板上部纵筋

梯板下部纵筋

直角转折梯板下部纵筋

层间梁或剪力墙或砌体圈梁

b_s

h_s

梯板厚度

$H_s\ [=h_s\times(m+1)]$ 踏步段总高度

$\geqslant 0.4l_{ab}$
$\geqslant 0.4l_{abE}$

$\geqslant l_a$
$\geqslant l_{aE}$

$\geqslant l_a$
$\geqslant l_{aE}$

$\geqslant 0.4l_{ab}$
$\geqslant 0.4l_{abE}$

15d

15d

15d

15d

b

踏步段水平净长$l_{sn}(=b_s\times m)$

平板净长(= 踏步板净宽+a)

b

梯板净跨度$l_n\ (=l_{sn}+$平板净长$)$

非抗震与抗震MT型梯板钢筋构造（B—B）

（下端转折平板为两直角边支承, 上端为单边支承）

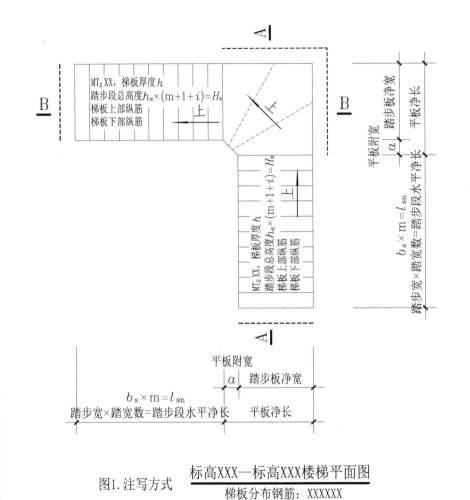

图1. 注写方式

标高XXX--标高XXX楼梯平面图

梯板分布钢筋：XXXXXX

注：A-A、B-B见后两页。

说明：

1. MT$_i$型楼梯的适用条件为：(1) 由两跑踏步段与直角转向平板构成；(2) 转向平板采用两直角边支承，代号下标为1～3时表示对应1～3阶扇状分布的附加踏步（由设计者补充设计）；(3) 踏步段一端与转向平板连接，另一端以梁为支座。凡满足以上条件者为MT$_i$型楼梯。

2. MT$_i$型楼梯平面注写方式如图1所示。其中：集中注写的内容有6项：(1) 梯板类型代号与序号MT$_i$XX；(2) 梯板厚度h；(3) 踏步段总高度$H_s[=h_s×(m+1+i)]$，式中h_s为踏步高；$m+1+i$为包括i阶附加踏步的踏步数（本页图示为MT$_2$型）；(4) 梯板上部纵筋；(5) 梯板下部纵筋；(6) 选注梯板分布筋（可统一注写在图名的下方）。注写示意图中的截面号为表达相应部位的通用构造截面详图所设，在具体平法楼梯结构施工图中不需绘制截面号及详图。

3. 楼梯平板与踏步的面层厚度不同时，踏高调整构造见第3章尾页。

4. 楼梯与扶手连接的钢预埋件位置与做法，以及梯板较厚需设置拉筋时，应由设计者注明。

5. 转向平板上部与下部的双向筋，分别为两跑直角转向梯板的上部纵筋交叉和下部纵筋交叉形成；两向钢筋的交叉分层，按平板下方一跑纵筋均在下、上方一跑纵筋均在上的分层方式。

6. MT$_i$型楼梯在两向平板附宽交角处，根据建筑要求可做成45度斜角，也可做成圆角；斜角或圆角内应增设直径10mm, 锚长12d的双向护角构造筋。

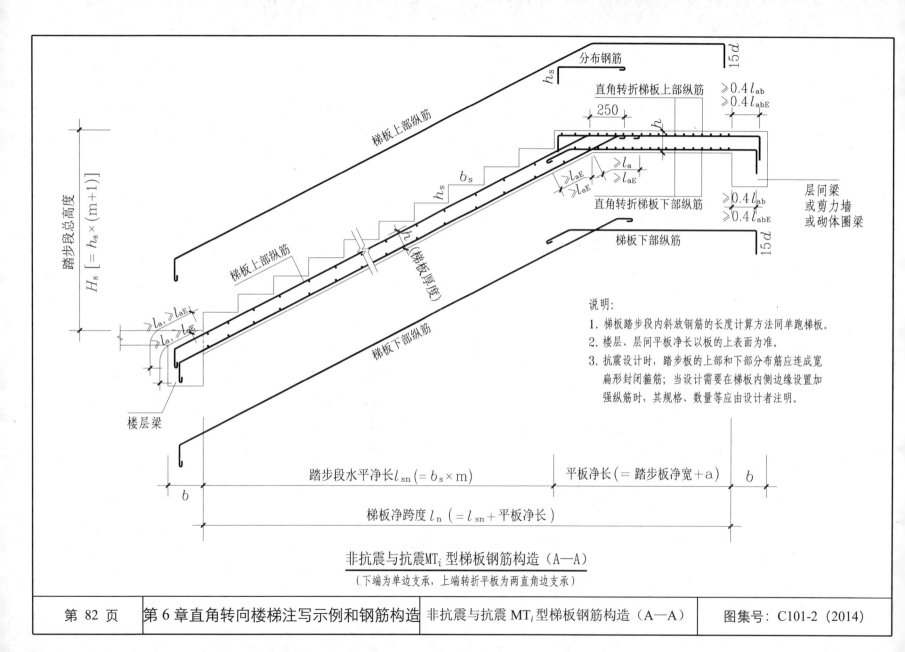

分布钢筋

$15d$

直角转折梯板上部纵筋

$\geqslant 0.4\,l_{ab}$
$\geqslant 0.4\,l_{abE}$

250

梯板上部纵筋

h_s

b_s

h_s

$\geqslant l_{aE}$
$\geqslant l_{aF}$

$\geqslant l_a$
$\geqslant l_{aE}$

直角转折梯板下部纵筋

$\geqslant 0.4\,l_{ab}$
$\geqslant 0.4\,l_{abE}$

层间梁
或剪力墙
或砌体圈梁

踏步段总高度

$H_s\left[=h_s\times(m+1)\right]$

h (梯板厚度)

梯板上部纵筋

梯板下部纵筋

$15d$

$\geqslant l_a, \geqslant l_{aE}$
$\geqslant l_a, \geqslant l_{aF}$

说明:

1. 梯板踏步段内斜放钢筋的长度计算方法同单跑梯板。

2. 楼层、层间平板净长以板的上表面为准。

3. 抗震设计时,踏步板的上部和下部分布筋应连成宽
   扁形封闭箍筋;当设计需要在梯板内侧边缘设置加
   强纵筋时,其规格、数量等应由设计者注明。

梯板下部纵筋

楼层梁

踏步段水平净长 $l_{sn}(=b_s\times m)$

平板净长 (= 踏步板净宽+a)

b

b

梯板净跨度 l_n ($=l_{sn}+$ 平板净长)

非抗震与抗震MT$_i$型梯板钢筋构造(A—A)

(下端为单边支承,上端转折平板为两直角边支承)

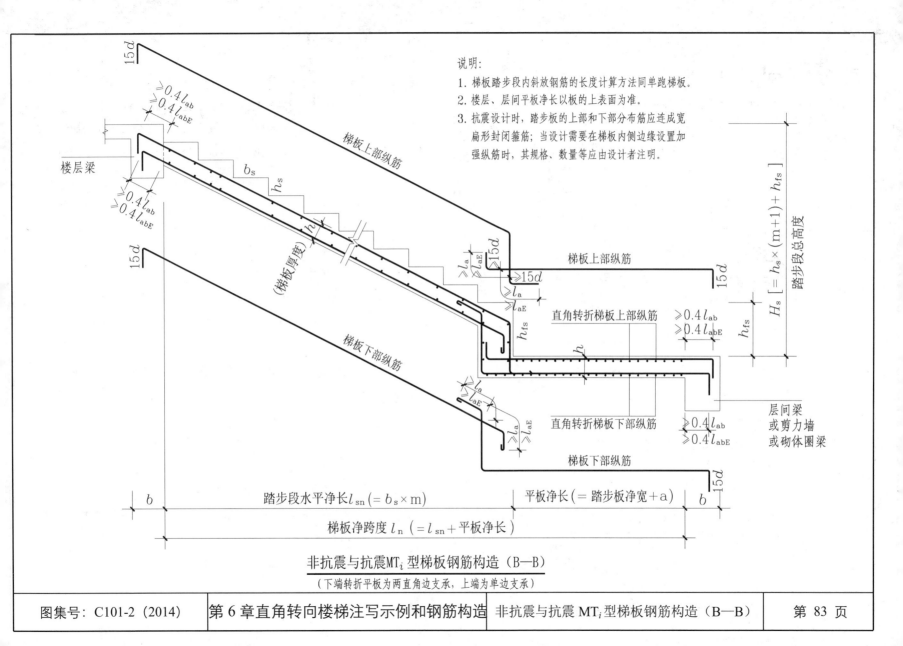

说明:
1. 梯板踏步段内斜放钢筋的长度计算方法同单跑梯板。
2. 楼层、层间平板净长以板的上表面为准。
3. 抗震设计时,踏步板的上部和下部分布筋应连成宽扁形封闭箍筋;当设计需要在梯板内侧边缘设置加强纵筋时,其规格、数量等应由设计者注明。

楼层梁

梯板上部纵筋

梯板下部纵筋

(梯板厚度)

梯板上部纵筋

$\geqslant 0.4 l_{ab}$
$\geqslant 0.4 l_{abE}$

直角转折梯板上部纵筋

直角转折梯板下部纵筋

$\geqslant 0.4 l_{ab}$
$\geqslant 0.4 l_{abE}$

层间梁
或剪力墙
或砌体圈梁

梯板下部纵筋

$H_s \left[= h_s \times (m+1) + h_{fs} \right]$ 踏步段总高度

踏步段水平净长 $l_{sn} (= b_s \times m)$

平板净长 $(=$ 踏步板净宽$+a)$

梯板净跨度 $l_n (= l_{sn} +$ 平板净长$)$

非抗震与抗震MT$_i$型梯板钢筋构造(B—B)
(下端转折平板为两直角边支承,上端为单边支承)

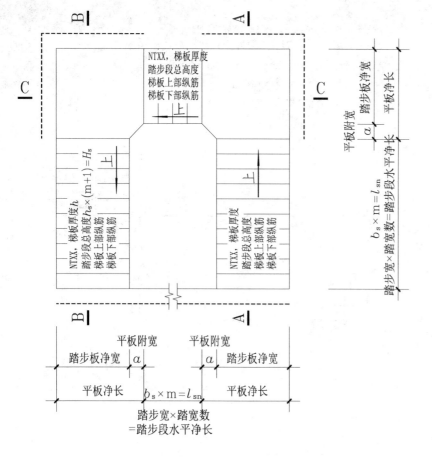

图1.注写方式

标高XXX--标高XXX楼梯平面图

梯板分布钢筋：XXXXXX

注：A-A、B-B、C-C见后3页。

说明：

1. NT型楼梯的适用条件为：(1) 由3跑踏步段与直角转向平板构成；(2) 转向平板采用两直角边支承；(3) 第1和第3跑踏步段一端与转向平板连接，另一端以梁为支座；第2跑踏步段两端分别与转向平板连接。凡满足以上条件者为NT型楼梯。

2. NT型楼梯平面注写方式如图1所示。其中：集中注写的内容有6项：(1) 梯板类型代号与序号FTXX；(2) 梯板厚度h；(3) 踏步段总高度$H_s[=h_s\times(m+1)]$，式中h_s为踏步高，m+1为踏步数；(4) 梯板上部纵筋；(5) 梯板下部纵筋；(6) 选注梯板分布筋（可统一注写在图名的下方）。注写方式示意图中的截面号为表达相应部位的通用构造截面详图所设，在具体平法楼梯结构施工图中不需绘制截面号及详图。

3. 楼梯平板与踏步的面层厚度不同时，踏高调整构造见第3章尾页。

4. 楼梯与扶手连接的钢预埋件位置与做法，以及梯板较厚需设置拉筋时，应由设计者注明。

5. 转向平板的上部与下部的双向筋，分别为两跑直角转向梯板的上部与下部纵筋，当其在平板部位交叉时，两向钢筋分层按在下一跑纵筋均在下，在上一跑纵筋均在上的分层方式。

6. NT型楼梯可不设平板附宽(即取$\alpha=0$)。当设置平板附宽时，根据建筑要求在阴角位置可做成45度斜角，也可做成圆角；斜角或圆角内应增设直径10mm，锚长12d的双向护角构造筋。

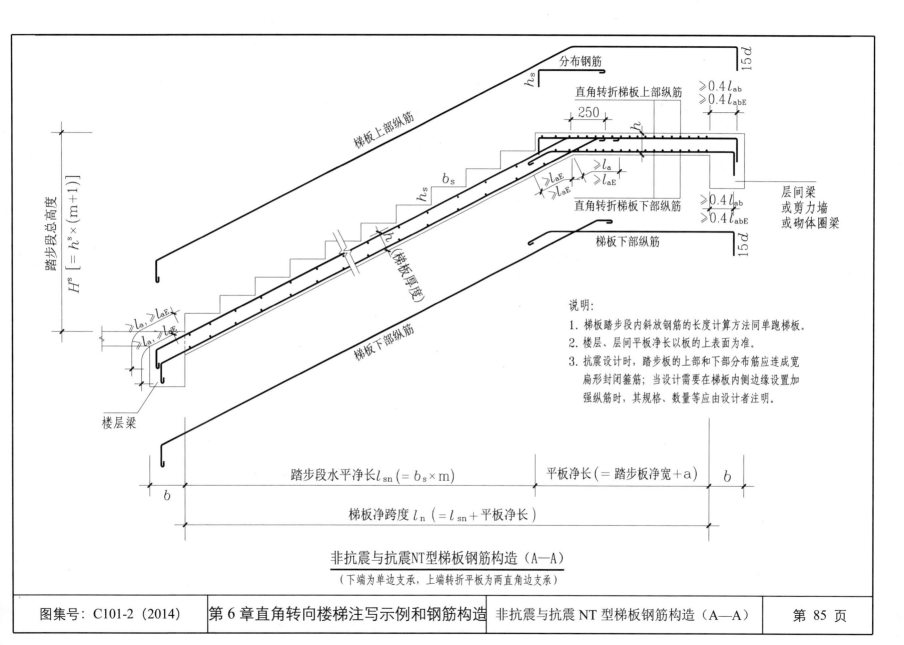

分布钢筋

直角转折梯板上部纵筋

$\geqslant 0.4l_{ab}$
$\geqslant 0.4l_{abE}$

250

h_s

梯板上部纵筋

b_s

h_s

踏步段总高度 $H^s[=h^s\times(m+1)]$

$\geqslant l_{aE}$
$\geqslant l_{aE}$

$\geqslant l_a$
$\geqslant l_{aE}$

$\geqslant l_a$
$\geqslant l_{aE}$

15d

h

直角转折梯板下部纵筋

$\geqslant 0.4l_{ab}$
$\geqslant 0.4l_{abE}$

层间梁
或剪力墙
或砌体圈梁

梯板下部纵筋

15d

h(梯板厚度)

l_a,$\geqslant l_{aE}$
l_a,$\geqslant l_{aE}$

梯板下部纵筋

楼层梁

说明:
1. 梯板踏步段内斜放钢筋的长度计算方法同单跑梯板。
2. 楼层、层间平板净长以板的上表面为准。
3. 抗震设计时,踏步板的上部和下部分布筋应连成宽
   扁形封闭箍筋;当设计需要在梯板内侧边缘设置加
   强纵筋时,其规格、数量等应由设计者注明。

踏步段水平净长$l_{sn}(=b_s\times m)$

平板净长(= 踏步板净宽+a)

b

梯板净跨度l_n (=l_{sn}+平板净长)

b

非抗震与抗震NT型梯板钢筋构造(A—A)

(下端为单边支承,上端转折平板为两直角边支承)

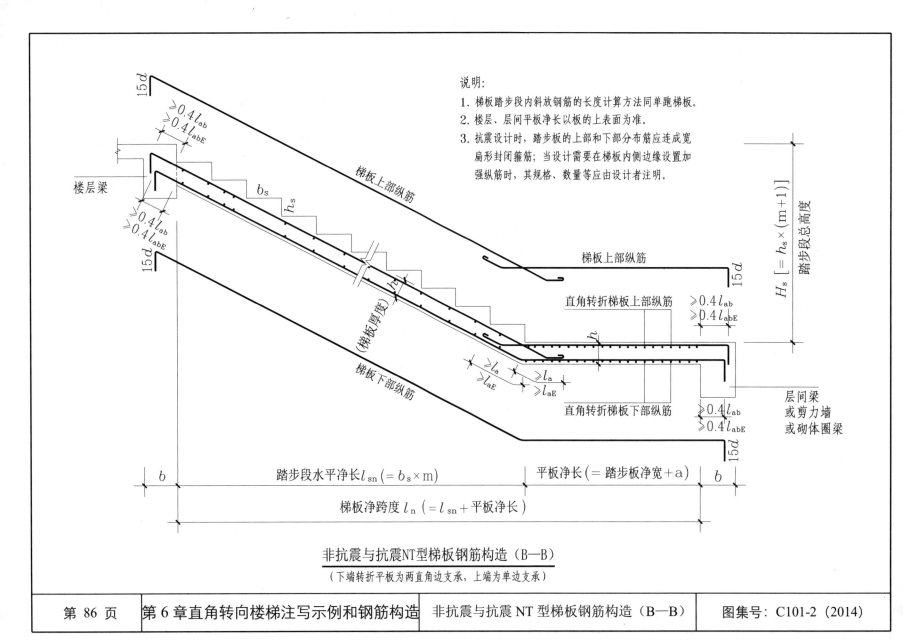

说明：
1. 梯板踏步段内斜放钢筋的长度计算方法同单跑梯板。
2. 楼层、层间平板净长以板的上表面为准。
3. 抗震设计时，踏步板的上部和下部分布筋应连成宽扁形封闭箍筋；当设计需要在梯板内侧边缘设置加强纵筋时，其规格、数量等应由设计者注明。

楼层梁

$15d$

$\geqslant 0.4 l_{ab}$
$\geqslant 0.4 l_{abE}$

b_s

h_s

梯板上部纵筋

$\geqslant 0.4 l_{ab}$
$\geqslant 0.4 l_{abE}$

$15d$

（梯板厚度）

$15d$

梯板上部纵筋

梯板下部纵筋

直角转折梯板上部纵筋
$\geqslant 0.4 l_{ab}$
$\geqslant 0.4 l_{abE}$

h

$\geqslant l_a$
$\geqslant l_{aE}$

$\geqslant l_a$
$\geqslant l_{aE}$

直角转折梯板下部纵筋

$\geqslant 0.4 l_{ab}$
$\geqslant 0.4 l_{abE}$

$15d$

$H_s\left[=h_s\times(m+1)\right]$ 踏步段总高度

层间梁
或剪力墙
或砌体圈梁

b

踏步段水平净长 $l_{sn}(=b_s\times m)$

平板净长（＝踏步板净宽＋a）

b

梯板净跨度 $l_n\left(=l_{sn}+平板净长\right)$

非抗震与抗震NT型梯板钢筋构造（B—B）

（下端转折平板为两直角边支承，上端为单边支承）

| 第 86 页 | 第6章直角转向楼梯注写示例和钢筋构造 | 非抗震与抗震NT型梯板钢筋构造（B—B） | 图集号：C101-2（2014） |

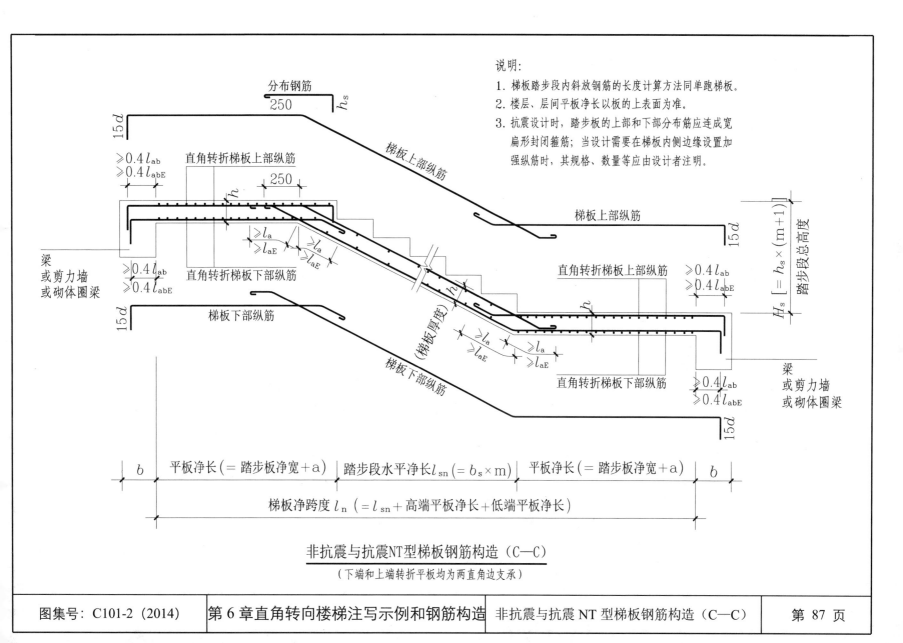

说明:
1. 梯板踏步段内斜放钢筋的长度计算方法同单跑梯板。
2. 楼层、层间平板净长以板的上表面为准。
3. 抗震设计时,踏步板的上部和下部分布筋应连成宽扁形封闭箍筋;当设计需要在梯板内侧边缘设置加强纵筋时,其规格、数量等应由设计者注明。

分布钢筋

$\frac{250}{}$ h_s

$15d$

$\geqslant 0.4l_{ab}$
$\geqslant 0.4l_{abE}$

直角转折梯板上部纵筋

250

h

梯板上部纵筋

梯板上部纵筋

$H_s \left[= h_s \times (m+1) \right]$ 踏步段总高度

$15d$

$\geqslant l_a$
$\geqslant l_{aE}$

$\geqslant l_a$
$\geqslant l_{aE}$

梁或剪力墙或砌体圈梁

$\geqslant 0.4l_{ab}$
$\geqslant 0.4l_{abE}$

直角转折梯板下部纵筋

直角转折梯板上部纵筋

$\geqslant 0.4l_{ab}$
$\geqslant 0.4l_{abE}$

$15d$

梯板下部纵筋

h

(梯板厚度)

h

$\geqslant l_a$
$\geqslant l_{aE}$

$\geqslant l_a$
$\geqslant l_{aE}$

梁或剪力墙或砌体圈梁

梯板下部纵筋

直角转折梯板下部纵筋

$\geqslant 0.4l_{ab}$
$\geqslant 0.4l_{abE}$

$15d$

b | 平板净长(=踏步板净宽+a) | 踏步段水平净长$l_{sn}(=b_s \times m)$ | 平板净长(=踏步板净宽+a) | b

梯板净跨度l_n(=l_{sn}+高端平板净长+低端平板净长)

非抗震与抗震NT型梯板钢筋构造(C—C)
(下端和上端转折平板均为两直角边支承)

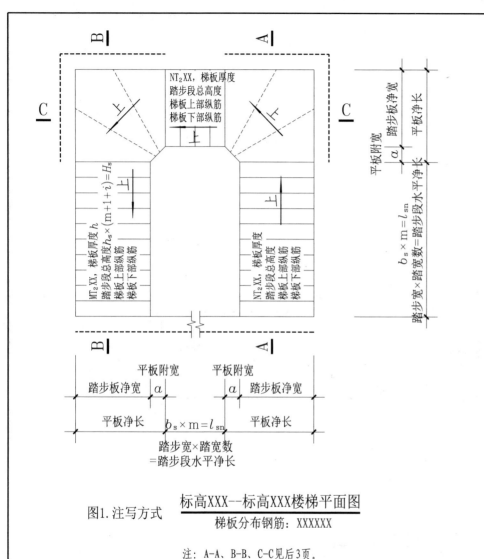

图1. 注写方式

标高XXX--标高XXX楼梯平面图

梯板分布钢筋：XXXXXX

注：A-A、B-B、C-C见后3页。

说明：

1. NT_i型楼梯的适用条件为：(1)由3跑踏步段与直角转向平板构成；(2)转向平板采用两直角边支承,代号下标为1~3时表示对应1~3阶扇状分布的附加踏步(由设计者补充设计)；(3)第1和第3跑踏步段一端与转(3)踏步段一端与转向平板连接,另一端以梁为支座。凡满足以上条件者为NT_i型楼梯。

2. NT_i型楼梯平面注写方式如图1所示。其中：集中注写的内容有6项：(1)梯板类型代号与序号NT_iXX；(2)梯板厚度h；(3)踏步段总高度$H_s[=h_s×(m+1+i)]$,式中h_s为踏步高；$m+1+i$为包括i阶附加踏步的踏步数(本页图示为NT_2型)；(4)梯板上部纵筋；(5)梯板下部纵筋；(6)选注梯板分布筋(可统一注写在图名的下方)。注写示意图中的截面号为表达相应部位的通用构造截面详图所设,在具体平法楼梯结构施工图中不需绘制截面号及详图。

3. 楼梯平板与踏步的面层厚度不同时,踏高调整构造见第3章尾页。

4. 楼梯与扶手连接的钢预埋件位置与做法,以及梯板较厚需设置拉筋时,应由设计者注明。

5. 转向平板上部与下部的双向筋,分别为两跑直角转向梯板的上部纵筋交叉和下部纵筋交叉形成；两向钢筋的交叉分层,按平板下方一跑纵筋均在下、上方一跑纵筋均在上的分层方式。

6. NT_i型楼梯在两向平板附宽交角处,根据建筑要求可做成45度斜角,也可做成圆角；斜角或圆角内应增设直径10mm,锚长12d的双向护角构造筋。

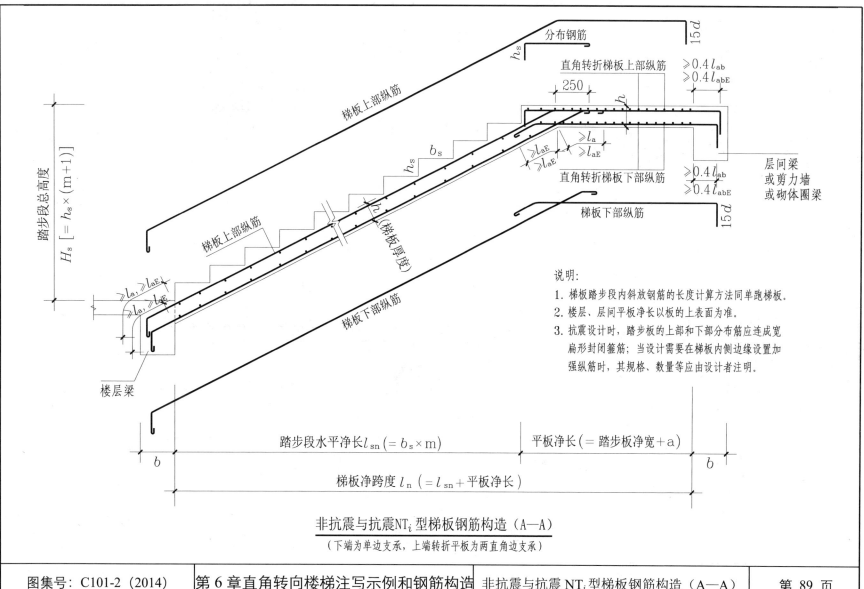

说明:
1. 梯板踏步段内斜放钢筋的长度计算方法同单跑梯板。
2. 楼层、层间平板净长以板的上表面为准。
3. 抗震设计时，踏步板的上部和下部分布筋应连成宽扁形封闭箍筋；当设计需要在梯板内侧边缘设置加强纵筋时，其规格、数量等应由设计者注明。

非抗震与抗震NT$_i$型梯板钢筋构造（A—A）

（下端为单边支承，上端转折平板为两直角边支承）

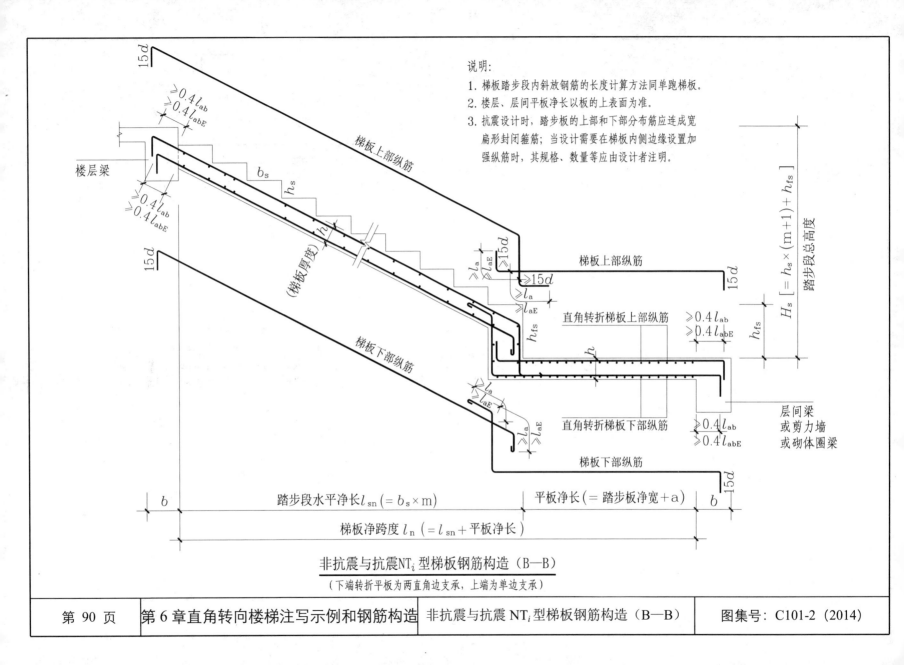

说明:
1. 梯板踏步段内斜放钢筋的长度计算方法同单跑梯板。
2. 楼层、层间平板净长以板的上表面为准。
3. 抗震设计时，踏步板的上部和下部分布筋应连成宽扁形封闭箍筋；当设计需要在梯板内侧边缘设置加强纵筋时，其规格、数量等应由设计者注明。

楼层梁

梯板上部纵筋

梯板下部纵筋

梯板上部纵筋

梯板下部纵筋

直角转折梯板上部纵筋

直角转折梯板下部纵筋

层间梁
或剪力墙
或砌体圈梁

$H_s\,[=h_s\times(m+1)+h_{fs}]$ 踏步段总高度

踏步段水平净长 $l_{sn}(=b_s\times m)$

平板净长（＝踏步板净宽＋a）

梯板净跨度 l_n（＝ l_{sn} ＋平板净长）

非抗震与抗震NT$_i$型梯板钢筋构造（B—B）

（下端转折平板为两直角边支承，上端为单边支承）

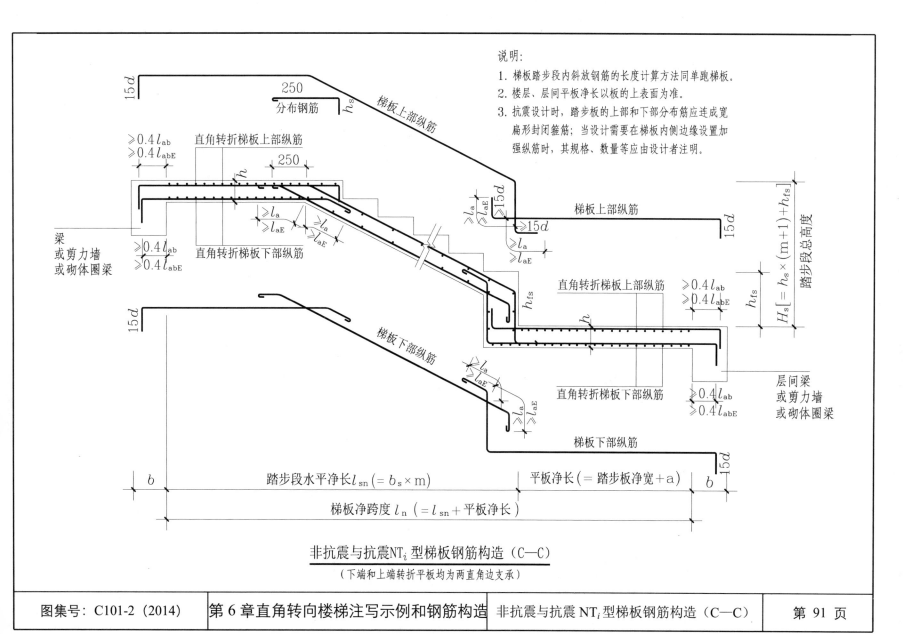

说明：
1. 梯板踏步段内斜放钢筋的长度计算方法同单跑梯板。
2. 楼层、层间平板净长以板的上表面为准。
3. 抗震设计时，踏步板的上部和下部分布筋应连成宽扁形封闭箍筋；当设计需要在梯板内侧边缘设置加强纵筋时，其规格、数量等应由设计者注明。

分布钢筋

梯板上部纵筋

直角转折梯板上部纵筋

梯板上部纵筋

梁或剪力墙或砌体圈梁

直角转折梯板下部纵筋

直角转折梯板上部纵筋

直角转折梯板下部纵筋

层间梁或剪力墙或砌体圈梁

梯板下部纵筋

梯板下部纵筋

$H_s[(=h_s \times (m+1)+h_{fs}$ 踏步段总高度

踏步段水平净长 $l_{sn}(=b_s \times m)$

平板净长（＝踏步板净宽＋a）

梯板净跨度 l_n（$=l_{sn}+$平板净长）

非抗震与抗震NT$_i$型梯板钢筋构造（C—C）

（下端和上端转折平板均为两直角边支承）

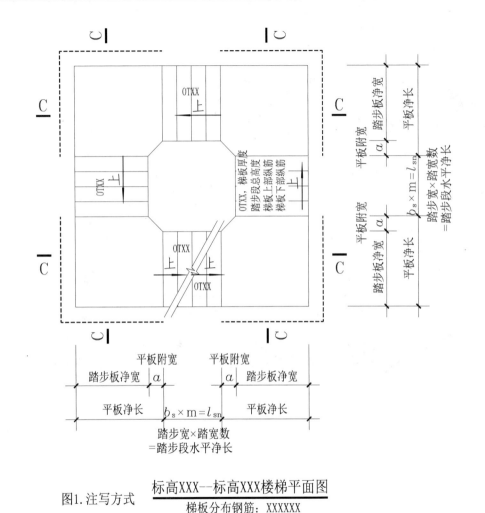

图1.注写方式

标高XXX--标高XXX楼梯平面图
梯板分布钢筋：XXXXXX

注：C-C见下页。

说明：

1. OT型楼梯的适用条件为：(1) 由4跑踏步段与直角转向平板构成；(2) 转向平板采用两直角边支承；(3) 各跑踏步段两端分别与转向平板连接。凡满足以上条件者为OT型楼梯。

2. OT型楼梯平面注写方式如图1所示。其中：集中注写的内容有6项：(1) 梯板类型代号与序号OTXX；(2) 梯板厚度h；(3) 踏步段总高度$H_s \left[=h_s \times (m+1) \right]$，式中$h_s$为踏步高，m+1为踏步数；(4) 梯板上部纵筋；(5) 梯板下部纵筋；(6) 选注梯板分布筋（可统一注写在图名的下方）。注写方式示意图中的截面号为表达相应部位的通用构造截面详图所设，在具体平法楼梯结构施工图中不需绘制截面号及详图。

3. 楼梯平板与踏步的面层厚度不同时，踏高调整构造见第3章尾页。

4. 楼梯与扶手连接的钢预埋件位置与做法，以及梯板较厚需设置拉筋时，应由设计者注明。

5. 转向平板的上部与下部的双向筋，分别为两跑直角转向梯板的上部与下部纵筋，当其在平板部位交叉时，两向钢筋分层按在下一跑纵筋均在下，在上一跑纵筋均在上的分层方式。

6. OT型楼梯可不设平板附宽(即取$\alpha=0$)。当设置平板附宽时，根据建筑要求在阴角位置可做成45度斜角，也可做成圆角；斜角或圆角内应增设直径10mm，锚长12d的双向护角构造筋。

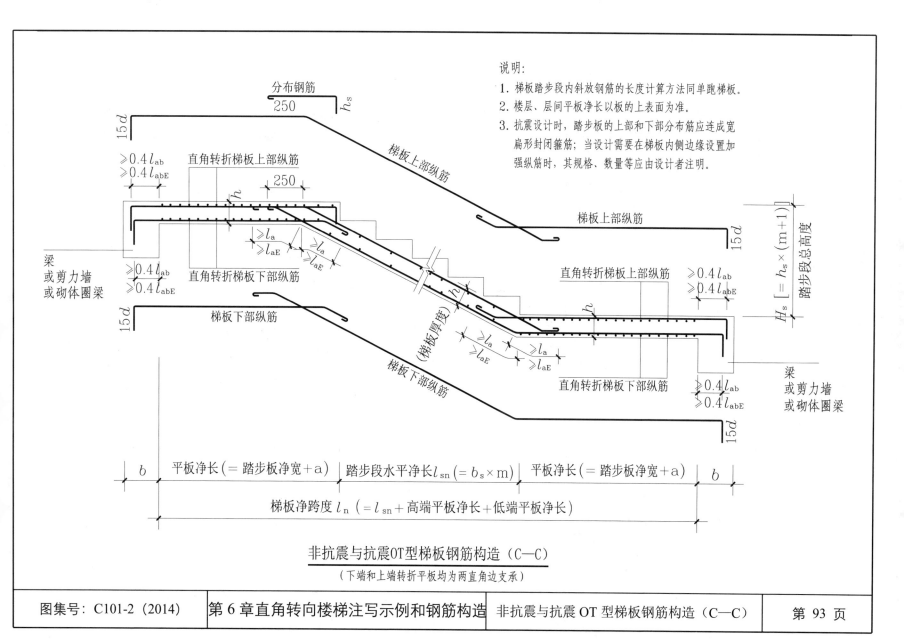

说明:
1. 梯板踏步段内斜放钢筋的长度计算方法同单跑梯板。
2. 楼层、层间平板净长以板的上表面为准。
3. 抗震设计时，踏步板的上部和下部分布筋应连成宽扁形封闭箍筋；当设计需要在梯板内侧边缘设置加强纵筋时，其规格、数量等应由设计者注明。

分布钢筋
250

$15d$

$\geq 0.4 l_{ab}$
$\geq 0.4 l_{abE}$

直角转折梯板上部纵筋

梯板上部纵筋

250

h

梯板上部纵筋

$15d$

$\geq l_a$
$\geq l_{aE}$

$\geq l_a$
$\geq l_{aE}$

梁
或剪力墙
或砌体圈梁

$\geq 0.4 l_{ab}$
$\geq 0.4 l_{abE}$

直角转折梯板下部纵筋

直角转折梯板上部纵筋

$\geq 0.4 l_{ab}$
$\geq 0.4 l_{abE}$

$H_s [= h_s \times (m+1)]$ 踏步段总高度

$15d$

梯板下部纵筋

(梯板厚度)

$\geq l_a$
$\geq l_{aE}$

$\geq l_a$
$\geq l_{aE}$

梁
或剪力墙
或砌体圈梁

梯板下部纵筋

直角转折梯板下部纵筋

$\geq 0.4 l_{ab}$
$\geq 0.4 l_{abE}$

$15d$

b | 平板净长(= 踏步板净宽+a) | 踏步段水平净长 $l_{sn}(= b_s \times m)$ | 平板净长(= 踏步板净宽+a) | b

梯板净跨度 l_n (= l_{sn} + 高端平板净长 + 低端平板净长)

非抗震与抗震OT型梯板钢筋构造（C—C）

(下端和上端转折平板均为两直角边支承)

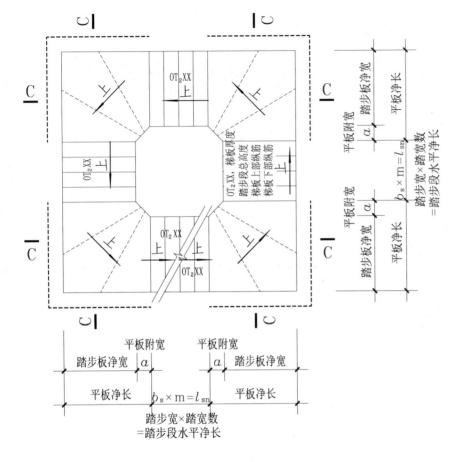

图1.注写方式

标高XXX--标高XXX楼梯平面图
梯板分布钢筋：XXXXXX

注：C-C见下页。

说明：

1. OT_i型楼梯的适用条件为：(1)由4跑踏步段与直角转向平板构成；(2)转向平板采用两直角边支承,代号下标为1～3时表示对应1～3阶扇状分布的附加踏步(由设计者补充设计)；(3)各跑踏步段两端分别与转向平板连接。凡满足以上条件者为OT_i型楼梯。

2. OT_i型楼梯平面注写方式如图1所示。其中：集中注写的内容有6项：(1)梯板类型代号与序号OT_iXX；(2)梯板厚度h；(3)踏步段总高度$H_s[=h_s\times(m+1+i)]$,式中h_s为踏步高；$m+1+i$为包括i阶附加踏步的踏步数(本页图示为OT_2型)；(4)梯板上部纵筋；(5)梯板下部纵筋；(6)选注梯板分布筋(可统一注写在图名的下方)。注写示意图中的截面号为表达相应部位的通用构造截面详图所设,在具体平法楼梯结构施工图中不需绘制截面号及详图。

3. 楼梯平板与踏步的面层厚度不同时,踏高调整构造见第3章尾页。

4. 楼梯与扶手连接的钢预埋件位置与做法,以及梯板较厚需设置拉筋时,应由设计者注明。

5. 转向平板上部与下部的双向筋,分别为两跑直角转向梯板的上部纵筋交叉和下部纵筋交叉形成；两向钢筋的交叉分层,按平板下方一跑纵筋均在下、上方一跑纵筋均在上的分层方式。

6. OT_i型楼梯在两向平板附宽交角处,根据建筑要求可做成45度斜角,也可做成圆角；斜角或圆角内应增设直径10mm,锚长12d的双向护角构造筋。

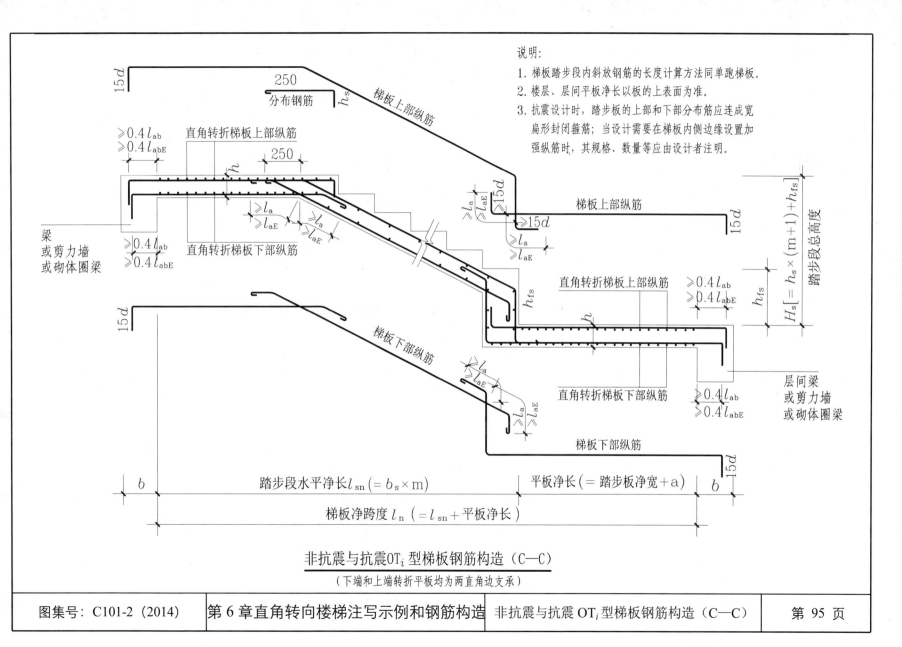

说明:

1. 梯板踏步段内斜放钢筋的长度计算方法同单跑梯板。

2. 楼层、层间平板净长以板的上表面为准。

3. 抗震设计时,踏步板的上部和下部分布筋应连成宽扁形封闭箍筋;当设计需要在梯板内侧边缘设置加强纵筋时,其规格、数量等应由设计者注明。

250
分布钢筋
h_s
梯板上部纵筋

15d

≥0.4l_{ab}
≥0.4l_{abE}
直角转折梯板上部纵筋

250
h

≥l_a
≥l_{aE}
≥l_a
≥l_{aE}

≥l_a
≥l_{aE}
15d

梯板上部纵筋
15d

梁
或剪力墙
或砌体圈梁

≥0.4l_{ab}
≥0.4l_{abE}
直角转折梯板下部纵筋

h_{fs}

直角转折梯板上部纵筋
≥0.4l_{ab}
≥0.4l_{abE}

h_{fs}

h

$H_s[=h_s×(m+1)+h_{fs}]$ 踏步段总高度

15d
梯板下部纵筋

≥l_a
≥l_{aE}

直角转折梯板下部纵筋
≥0.4l_{ab}
≥0.4l_{abE}

层间梁
或剪力墙
或砌体圈梁

梯板下部纵筋

≥l_a
≥l_{aE}
15d

b
踏步段水平净长$l_{sn}(=b_s×m)$
平板净长(= 踏步板净宽+a)
b

梯板净跨度l_n(=l_{sn}+平板净长)

非抗震与抗震OT$_i$型梯板钢筋构造(C—C)

(下端和上端转折平板均为两直角边支承)

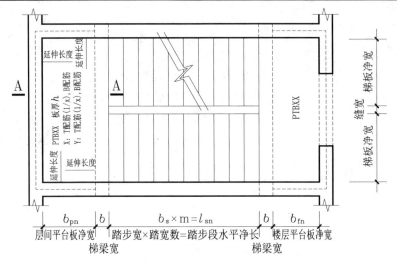

图1. 楼层、层间平台板注写方式（楼梯注写内容略）

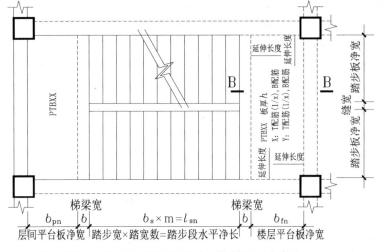

图2. 楼层、层间平台板注写方式（楼梯注写内容略）

说明：

1. 楼层、层间平台板的平面注写方式如图1与图2所示。其中：在板中部注写内容有4项：（1）平台板代号与序号PTBXX；（2）板厚 h；（3）板X向配筋；（4）板Y向配筋。当为楼层平台板时，宜与楼面板连通配筋。

2. 板配筋的标注方式，以"X:"引导X向配筋（指钢筋延伸方向，下同），以"Y:"引导Y向配筋；X、Y引导的具体内容：板上部筋以"T"打头，并在配筋后面的括号内注明贯通筋所占比例；板下部筋以"B"打头。

3. 板上部贯通筋所占比例可为(1/2)或(1/3)，当全部贯通时标注为(1)，当无贯通筋时标注为(0)。板上部非贯通筋自支座边缘起向板内延伸长度，直接在板支座原位注写。

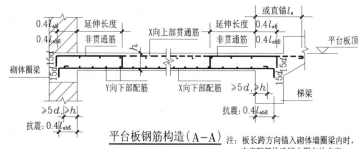

平台板钢筋构造（A—A） 注：板长跨方向锚入砌体墙圈梁内时，支座配筋构造同本图左边支座。

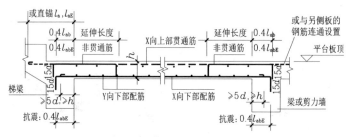

平台板钢筋构造（B—B） 注：板长跨方向与混凝土梁或剪力墙一体浇起时，其支座配筋构造与右边支座相同。

通用构造详图变更表

图集代号：C101-2（2014）

通用构造详图变更表应用说明

1. 本"通用构造详图变更表"，为具体工程需要对图集中的构造详图作出变更，供设计者在设计总说明中写明变更内容时参考使用。

2. 在表头栏中应注明通用图集名称或编号。

3. 应注明所变更通用构造详图的图号、名称及所在图集页号。

4. 应注明变更所适用的构件编号。

5. 应在表中汇制变更后的构造详图并加注说明。

【附注】

通用设计可根据具体工程需要进行变更,此种变更方式亦曾用于作者本人创作的平法系列"标准设计"。在各国工程技术领域，均有相应的"设计标准"如结构设计规范、规程等，但并不存在"标准设计"。设计是典型的创作活动，在满足规范、规程规定的安全性、可靠性原则下，结构与构造设计可有多种形式，否则将导致设计僵化及技术退化。

参 考 文 献

1 GB 50010-2010 混凝土结构设计规范．北京：中国建筑工业出版社，2011

2 GB 50011-2010 建筑抗震设计规范．北京：中国建筑工业出版社，2010

3 JGJ 3-2010 高层建筑混凝土结构技术规程．北京：中国建筑工业出版社，2011

4 陈青来．钢筋混凝土结构平法设计与施工规则．北京：中国建筑工业出版社，2007

5 陈青来．混凝土结构施工图平面整体表示方法制图规则和构造详图（现浇混凝土框架、剪力墙、框架—剪力墙、框支剪力墙结构）03G101-1．北京：中国计划出版社，2006

6 陈青来．混凝土结构施工图平面整体表示方法制图规则和构造详图（现浇混凝土板式楼梯）03G101-2．北京：中国计划出版社，2006

7 陈青来．混凝土主体结构平法通用设计 C101-1．北京：中国建筑工业出版社，2012